WERKSTATTBÜCHER
FÜR BETRIEBSANGESTELLTE, KONSTRUKTEURE UND FACH-
ARBEITER. HERAUSGEBER DR.-ING. H. HAAKE, HAMBURG
===== HEFT 118 =====

Behandlung und Prüfung ölhydraulischer Antriebe und Steuerungen

Von

A. Dürr und O. Wachter

Nürtingen/Württ.

Mit 49 Abbildungen

Springer-Verlag
Berlin / Göttingen / Heidelberg
1955

ISBN-13: 978-3-540-01974-9   e-ISBN-13: 978-3-642-99852-2
DOI: 10.1007/978-3-642-99852-2

Inhaltsverzeichnis.

Vorwort 3
1. Grundsätzliche Arbeitsweise 3
   1.1 Hydrostatisches Prinzip S. 3. — 1.2 Rechnerische Zusammenhänge S. 4. — 1.3 Druckentstehung S. 4. — 1.4 Aufbau der Hydraulik S. 4.
2. Grundsätzliche Ölkreisläufe 6
   2.1 Einfache Drosselsysteme S. 6. — 2.2 Ölkreisläufe mit Verstellpumpe S. 8. — 2.3 Ölkreisläufe mit Hydraulikmotor für Drehbewegungen S. 11.
3. Behandlung und Prüfung der Hydrauliköle 12
   3.1 Wichtigste Forderungen an die Hydrauliköle S. 13. — 3.2 Gütebeurteilung der Hydrauliköle S. 14. — 3.3 Wärmedehnung und Zusammendrückbarkeit S. 15. — 3.4 Entlüftung des Hydrauliköles S. 16. — 3.5 Zulässige Ölgeschwindigkeiten S. 18. — 3.6 Kühlung des Öles S. 18. — 3.7 Reinigung und Erneuerung S. 20. — 3.8 Synthetische Hydrauliköle S. 22. — 3.9 Öldienst im Betrieb S. 22.
4. Behandlung und Prüfung der Drucköl pumpen 25
   4.1 Zahnradpumpen S. 25. — 4.2 Flügelpumpen S. 29. — 4.3 Kolbenpumpen mit mechanischem Antrieb S. 30. — 4.4 Kolbenpumpe mit hydraulischer Kolbenbewegung S. 34.
5. Behandlung und Prüfung der Hydraulikmotoren und Umlaufgetriebe 36
   5.1 Zahnradmotoren S. 36. — 5.2 Flügelmotoren S. 37. — 5.3 Axial-Kolbenmotore S. 38.
6. Behandlung und Prüfung der Ventile 40
   6.1 Kugel- und Sitzventile S. 40. — 6.2 Kolbenventile S. 41. — 6.3 Druckeinstellung und Druckmessung S. 42.
7. Behandlung und Prüfung der Drosseleinrichtungen 44
   7.1 Maßnahmen zur Verbesserung der Arbeitsweise einer Drosselregelung S. 45.
8. Behandlung und Prüfung der Steuerschieber 45
9. Behandlung und Prüfung der Zylinder 46
10. Allgemeine Hinweise und Behandlung von Störungen 47
    10.1 Störungsbefund S. 47. — 10.2 Abgrenzung der Störungsquellen S. 47. — 10.3 Beispiel aus der Praxis über die Behandlung einer Störung S. 47. — 10.4 Auswechseln hydraulischer Elemente mit zylindrischer Bauform S. 49.
11. u. 12. Behandlung öfter vorkommender Störungen 50
    11.1 Ruckweise Bewegungen S. 50. — 11.2 Vorschubbewegung setzt nicht ein S. 51. 11.3 Vorschubgeschwindigkeit stimmt nicht mit geeichter Skala überein S. 51. — 11.4 Eilgang schaltet nicht um auf Vorschub S. 51. — 11.5 Druckumsteuerung verzögert, oder unwirksam S. 52. — 11.6 Automatischer Ablauf gestört S. 52. — 11.7 Hydrauliköl mit Luft durchsetzt S. 52. — 11.8 Pumpengeräusche S. 52. — 11.9 Pumpe läuft nicht oder schwer an S. 52. — 12.0 Ventilschwingungen S. 53. — 12.1 Manometer zeigt nicht richtig an S. 53. — 12.2 Magnetschieber schaltet nicht S. 53.
Schrifttum 53

Alle Rechte, insbesondere das der Übersetzung in fremde Sprachen, vorbehalten. Ohne ausdrückliche Genehmigung des Verlages ist es auch nicht gestattet, dieses Buch oder Teile daraus auf photomechanischem Wege (Photokopie, Mikrokopie) zu vervielfältigen.

Vorwort.

Die Behandlung und Prüfung ölhydraulischer Antriebe und Steuerungen erfordert Sachkenntnis und Umsicht. Die vorliegende Schrift soll in knapper Form das Wesentliche der Hydraulik vermitteln und zeigen, wie in der Praxis vorzugehen ist. Alle Ausführungen sind so einfach wie möglich gehalten und leicht verständlich. Für den Praktiker geschrieben dient die Schrift als Helfer im Betrieb bei allen vorkommenden Fragen. Zahlreiche Beispiele geben Aufschluß, wie Störungen zu beseitigen sind und auf welche Weise am besten Abhilfe geschaffen werden kann. Wie jede Betriebsanleitung, so gehört dieses Werkstattbuch auch in die Hände derjenigen, die mit der Bedienung, Wartung und Instandhaltung betraut sind. Außerdem kann es Ingenieuren und Studierenden das Gebiet der Hydraulik als jüngsten Zweig der Antriebstechnik näher bringen.

Allen Firmen, die uns Bildmaterial zur Verfügung gestellt haben, danken wir verbindlichst, insbesondere der Fa. Gebr. *Heller*, Nürtingen. Herrn Dipl.-Ing. P. BEUERLEIN sei für die entgegenkommende Unterstützung bei der Überarbeitung des Abschnittes über die Hydrauliköle bestens gedankt.

1. Grundsätzliche Arbeitsweise.

Die vielen verschiedenen, in der Praxis verwendeten Hydraulik-Systeme lassen sich fast immer auf einige wenige, grundsätzliche Ölkreisläufe zurückführen. Eine genaue Kenntnis der Arbeitsweisen erleichtert die Aufgabe, Störungen aufzufinden und Anstände zu beseitigen, ganz erheblich. Über die physikalischen Zusammenhänge der Hydraulik bestehen im Betrieb oft Unklarheiten. Es erscheint daher zweckdienlich, zunächst das Wesentliche dieser Vorgänge und Kreisläufe zu erläutern.

1.1 Hydrostatisches Prinzip. Die Hydraulik behandelt sowohl das Gebiet der ruhenden als auch der strömenden Flüssigkeiten. Als Flüssigkeit wird im Maschinenbau fast ausschließlich Hydrauliköl, d. h. ein besonders geeignetes Mineralöl verwendet. Druckwasseranlagen treten immer mehr zurück, aus Gründen einer ungenügenden Schmierung der beweglichen Teile, einem erhöhten Schlupfverlust, Oxydation, Rosten, Verdunstung u. a. Die hier beschriebenen Systeme arbeiten nach dem sogenannten *hydrostatischen Prinzip*, d. h. die Kräfte werden im wesentlichen durch den ruhenden (statischen) Druck erzeugt. Im Gegensatz zu den Strömungs-Getrieben (hydrodynamische Antriebe), die mit sehr hohen Geschwindigkeiten arbeiten, ist bei den kleinen Geschwindigkeiten bis etwa 5 m/sec und den verhältnismäßig kleinen Mengen eine Krafterzeugung aus der Strömung fast ohne Bedeutung, wodurch sich die Berechnung der Kräfte erheblich vereinfacht. Infolge der leichten Verschiebbarkeit der kleinen Flüssigkeitsteile pflanzt sich der hydraulische Druck nach allen Richtungen mit gleicher Stärke fort.

1.2 Rechnerische Zusammenhänge. Der spezifische Druck p, d. h. die Kraft in kg auf 1 cm² Fläche wird auch als atü (Atmosphären-Überdruck) bezeichnet. Die hydraulische Kraft, die beispielsweise auf einem Kolben mit einer Fläche von F cm² wirkt, ist

$$\text{Kraft: } P = pF \text{ (kg)} \quad \text{oder der Druck: } p = \frac{P}{F} \text{ (kg/cm}^2\text{).}$$

Ebenso einfach ist die Beziehung der Ölgeschwindigkeit v zwischen der Flüssigkeitsmenge Q in l/min und dem Durchfluß-Querschnitt f in cm², sie lautet:

$$\text{Geschwindigkeit } v = \frac{10\,Q}{f} \text{ (m/min).}$$

Abb. 14 (S. 18) enthält Angaben über zulässige Ölgeschwindigkeiten. Wenn Q die minutliche Förderleistung einer Pumpe in Liter angibt und p den Druck in atü, so berechnet sich bei einem spezifischen Gewicht der Flüssigkeit $\gamma \sim 1$ der Kraftbedarf für den Antriebsmotor der Pumpe:

$$\text{Antriebsleistung } N = \frac{Q\,p\,10}{60 \cdot 75\,\eta} \text{ (PS)},$$

worin der Wirkungsgrad $\eta =$ etwa 0,6 bis 0,8 ist.

1.3 Druckentstehung. Der die Pumpe belastende Druck p entsteht beispielsweise durch einen dem Arbeitskolben entgegengesetzten Schnitt-Widerstand, durch eine Verengung oder Drosselung des Strömungs-Querschnittes mit starren Drosselventilen oder federbelasteten Ventilen, schließlich durch den Rohrleitungswiderstand von langen, engen Leitungen. Für die Begrenzung des Druckes dienen Sicherheits- oder Höchstdruckventile. Sie lassen bei Überschreitung des eingestellten Druckes das überschüssige, nicht mehr erforderliche oder benötigte Drucköl zum Behälter abfließen. Der Druck läßt sich auch durch eine sogenannte *Nullhub-Regelung* in der Pumpe selbst begrenzen, d. h. bei Erreichen des gewünschten Druckes verkleinert die Pumpe ihre Förderleistung bis auf einen Kleinstwert, der zum Ausgleich der Leck- und Schlupfverluste bzw. Aufrechterhaltung des Druckes notwendig ist. Diese Art der Druckbegrenzung ist außerordentlich wirtschaftlich, da kein überschüssiges Drucköl gefördert wird, doch läßt sich das Verfahren nicht in allen Fällen anwenden, außerdem bedingt es den Einsatz hochwertiger Regelpumpen.

1.4 Aufbau der Hydraulik. Ein hydraulischer Antrieb besteht aus den *getriebenen* Elementen, einer oder mehreren Pumpen, die den Flüssigkeitsstrom erzeugen, den Steuerelementen für die Lenkung des Flüssigkeitsstromes, sowie den *treibenden* Elementen für die Umwandlung der Druckenergie in mechanische Arbeit, in Kräfte und Bewegungen.

Gradlinig hin- und hergehende Bewegungen werden überwiegend durch *Zylinder und Kolben* erzeugt. Für kreisende (drehende) Bewegungen werden (*umlaufende*) *Flüssigkeits-Motoren* benützt. Drehbewegungen bis etwa 300 Grad lassen sich mit *Drehkolben* durchführen, doch ist bei der schwierigen Bearbeitung der Einzelteile der Wirkungsgrad nicht sehr hoch und es muß mit erheblichen Ölverlusten gerechnet werden.

Der Flüssigkeits-Antrieb hat sich für die *Drehbewegungen von Hauptantrieben* bisher nur spärlich durchgesetzt. Die Gründe liegen vor allem in dem ungünstigen Wirkungsgrad, im hohen Preis und in den Schlupfverlusten, die im Laufe der Betriebszeit wachsen. Bei der meistens geforderten gleichbleibenden Leistung über einen großen Verstellbereich treten besonders bei kleinen Umdrehungszahlen und kleinen Förderleistungen sehr hohe Drücke auf; dabei kann der Drehzahlabfall bei Belastung unzulässige Formen annehmen.

Flüssigkeits-Hauptantriebe für geradlinige Bewegungen mit Kraftübertragung über Kolben und Kolbenstange sind jedoch mit Erfolg bei den Kurzhobel-, Langhobel-, Stoß- und Räummaschinen in Anwendung [*1* u. *2*][1]. Die unmittelbare Kraftwirkung in der Schnittrichtung ohne Zwischenglieder ergibt einen günstigen Wirkungsgrad. Die einfache stufenlose Verstellbarkeit, der bequeme Anbau ohne besondere Einpaßarbeiten — die Verbindungen von dem Pumpenteil zu den Arbeitszylindern sind leicht unterzubringende Rohrleitungen — verbilligen den Aufbau der Maschine und bieten gegenüber einem stufenlos verstellbaren elektrischen Antrieb manche Vorteile. Außerdem bringt der elastische Überlastungsschutz und die weiche Umsteuerung eine große Sicherheit für die Maschine und das Werkzeug, was sich besonders wertvoll für die teuren Räumwerkzeuge erweist [*3* u. *4*].

Nachteilig kann sich bei langen Arbeitshüben die Elastizität der Ölsäule und der Ölräume, insbesondere beim unterbrochenen Schnitt, auswirken. Beim Anschnitt des Werkzeuges bis Erreichung des Arbeitswiderstandes tritt unter Umständen ein Abfall der Schnittgeschwindigkeit um das Maß der Zusammendrückung bei gleichzeitiger elastischer Aufweitung der Ölräume ein, während beim Ausschneiden, wenn sich die Schnittkraft verringert, der Schlitten sich wieder beschleunigt. Man muß daher stets bestrebt sein, den Arbeitsdruck möglichst niedrig zu halten, z. B. durch die Wahl genügend großer Zylinderquerschnitte, sowie die Rohrleitungen und Zylinder verhältnismäßig dickwandig auszuführen (vgl. Abschn. 3.3, S. 15).

Mit den Vorschubantrieben hängen fast immer auch gewisse Nebenbewegungen und Steueraufgaben eng zusammen. Es ist zweckmäßig, solche Nebenbewegungen, die meistens einfache geradlinige Kolbenbewegungen sind, an die bestehende Vorschubhydraulik anzuschließen. Damit wird die Wirtschaftlichkeit der Hydraulik gesteigert. Solche Nebenbewegungen, die sich vorteilhaft hydraulisch ausführen lassen, sind z. B. die Zustellbewegung des Werkzeuges, das Greifen, Nachschieben, Zentrieren und Spannen des Werkstückes, sowie das Kuppeln, Schwenken, Verriegeln und Festklemmen der Maschinenteile.

In den letzten Jahren sind elektro-hydraulische Steuerungen beachtlich in den Vordergrund getreten. Die einfache Bedienung der Maschine wurde dadurch noch verbessert, sie ist nicht mehr ortsgebunden, sondern kann auch an beliebig entfernter Stelle durchgeführt werden. Die Bedienungselemente sind nun übersichtliche Drucktaster und Schalter, wobei das Kommando mittels Signallampen kontrolliert wird. Mit der Elektro-Hydraulik lassen sich auch in einfacher Weise Programme steuern und beliebig oft automatisch wiedergeben. Damit ist die Einsatzmöglichkeit der Hydraulik erheblich verbreitert worden. Gleichzeitig konnte die Wirtschaftlichkeit gesteigert werden durch Einsparung von Rüst- und Fertigungszeiten [*5* bis *7*].

---

[1] Die Zahlen in eckiger Klammer verweisen auf das Schrifttum am Schluß des Buches.

Der Vorwurf, eine hydraulische Maschine neige wegen der Ölerwärmung zu Ungenauigkeiten, ist nicht mehr berechtigt. Bei richtiger, zweckmäßiger Auslegung und Anordnung der Hydraulik läßt sich die Öltemperatur in den notwendigen Grenzen halten. Einstellbare Pumpen, die nur den jeweiligen Bedarf an Drucköl fördern, also keinen Überschuß an Drucköl nutzlos fördern, werden gegenwärtig immer mehr eingesetzt. Durch die Anordnung geeigneter Wasser- oder Luftkühler, die sich verhältnismäßig klein bauen, wird gegebenenfalls die Temperatur noch mehr erniedrigt, die Betriebssicherheit der Maschine erhöht; auch tritt eine Beeinträchtigung der Fertigungsgenauigkeit in keiner Weise mehr ein.

2. Grundsätzliche Ölkreisläufe.

2.1 Einfache Drosselsysteme.
Das Prinzip der Drosselregelung wird hauptsächlich für einfachere Vorschubbewegungen mit nicht stark schwankenden Arbeitskräften und geringen spezifischen Drücken verwendet. Das Drosselventil befindet sich entweder in der Zuführleitung zum Zylinder oder in der Abführleitung. Ein in Abb. 1 dargestelltes Grundschema bezieht sich beispielsweise auf eine Schleifmaschine mit gleicher Tischgeschwindigkeit nach beiden Richtungen, während Abb. 2 ein Schema für eine Vorschubbewegung mit beschleunigtem Rücklauf, z. B. für Feinbohr- oder Kaltkreissägemaschinen zeigt.

2.11 Drosselung im Zufluß.
Die Pumpe — meist eine Zahnradpumpe — saugt das Öl aus dem Behälter durch die Leitung *1* und fördert es in die Leitung *2* zu dem Höchstdruckventil[1] *HV* und zu der Drossel *Dr*.

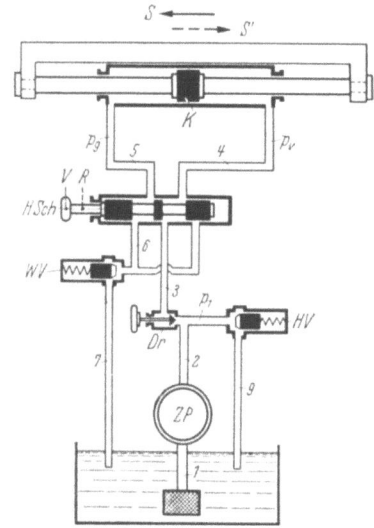

Abb. 1. Drosselung in der Zuleitung (Beispiel einer Schleifmaschine).

ZP Zahnradpumpe; *Dr* Drosselventil; *HV* Höchstdruckventil; *HSch* Hauptsteuerschieber; *V* u. *R* Schieberstellungen; *K* Kolben; *WV* Widerstandsventil; *s* u. *s'* Kolben-(Vorschub-)Bewegung; p_1, p_v, p_g Drücke; *1* bis *9* Leitungen.

Von der Drossel (Abb. 1) führt Leitung *3* zu dem Hauptsteuerschieber *HSch* und von da über Leitung *4* zum Arbeitszylinder. Das vom Kolben *K* verdrängte Öl fließt durch die Leitung *5* zum Schieber *HSch*, weiter über Leitung *6* zum Widerstands- oder Gegendruckventil *WV* und schließlich über Leitung *7* zum Ölbehälter. Wird der Hauptschalter *HSch* umgesteuert, so beaufschlagt das Drucköl über Leitung *3* und *5* den Vorschubzylinder, während das verdrängte Öl über die Leitung *4* zum Widerstandsventil *WV* und durch Leitung *7* zum Behälter abfließt. Der Kolben bewegt sich mit gleicher Geschwindigkeit nach rückwärts. Das überschüssige, von der Drossel nicht durchgelassene Drucköl, fließt über Druckventil *HV* und Leitung *9* zum Behälter

---

[1] In der Praxis ist vielfach die Bezeichnung „Maximaldruckventil" gebräuchlich, aber dieses Fremdwort ist entbehrlich.

zurück. Dabei stellt sich in der Leitung 2 ein Druck von p_1 atü ein, der abhängig ist von der Federspannung des Ventils HV. Hinter dem Drosselventil in Leitung 3 bis zum Vorschubkolben herrscht der Druck p_v, der den Kolben vorbewegt und abhängig ist einmal vom Gegendruck p_g durch Widerstandsventil WV, ferner von den Reibungswiderständen des Schlittens und nicht zuletzt von den Schnittkräften. Das Widerstandsventil verhindert bei plötzlichem Abfall der Kräfte und Drücke ein ruckartiges Vorspringen oder Voreilen des Kolbens.

2.12 **Drosselung im Abfluß.** Nach Abb. 2 wird ebenfalls über Leitung 1 Öl durch eine Zahnradpumpe ZP angesaugt, in Leitung 2 zu dem Höchstdruckventil HV und dem Hauptschieber $HSch$ gefördert; es strömt in Leitung 3 zum Zylinder und beaufschlagt die volle Kolbenfläche des Vorschubkolbens. Das verdrängte Öl aus der Ringraumseite fließt über die Leitung 4, den Schieber $HSch$ und die Leitung 5 zum Drosselventil Dr; hier wird es gedrosselt und gelangt dann über die Leitung 6 in den Ölbehälter zurück. Das Höchstdruckventil HV läßt alles von der Pumpe ZP im Überschuß geförderte Öl über die Leitung 8 zum Behälter abfließen. In den Leitungen 2 und 3 wird der Druck p_v erzeugt, der als Vorschubdruck auf den Vorschubkolben wirkt. Das verdrängte Öl kann nur über die Drossel Dr abfließen; entsprechend der Drosselöffnung wird sich deshalb in den Leitungen 4 und 5 ein Gegendruck p_g einstellen, der außer vom Arbeitswiderstand auch vom Flächenverhältnis der Kolbenflächen abhängig ist. Der Druck $p_v = p_1$ ist auch bei diesem System nicht ein Maß für den Arbeitswiderstand, vielmehr hat er stets ungefähr die gleiche Höhe entsprechend

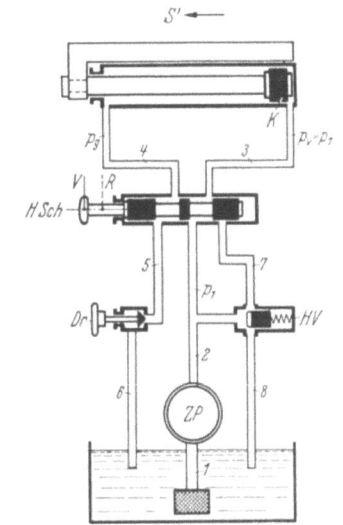

Abb. 2. Drosselung in der Abführleitung (Gegenhaltung). Bezeichnungen wie Abb. 1.

der Einstellung des Ventiles HV, es sei denn, daß die Drossel völlig offen ist und das gesamte Drucköl vom Zylinder aufgenommen wird.

Beim *Umsteuern* des Hauptschiebers auf *Rücklauf* verbindet sich die Leitung 2 mit 4, während nun Leitung 3 über 7 und 8 unter Umgehung von HV Abfluß zum Behälter hat. Es kann somit die gesamte Fördermenge nun in den Ringraum einströmen und den Kolben mit hoher Rücklaufgeschwindigkeit zurückbewegen.

Beide Drosselsysteme sind in der Praxis unter gewissen Voraussetzungen anwendbar. Die Einfachheit des Aufbaues und der Elemente ist ohne Zweifel ein großer Vorteil. Auch verhindert der gleichförmige Durchfluß des Drucköles durch das Drosselventil jedes Pulsieren oder Schwingen der Kolbenbewegung. Außerdem ist bei manchen Schnittvorgängen eine selbsttätige Geschwindigkeitseinstellung zur Anpassung des Vorschubes an die wechselnden Schnittkräfte von großem Vorteil. Sie ist bei dem System 2.11 dadurch gegeben, daß der steigende Vorschubdruck p_v eine Verminderung des Druckgefälles $p_1 - p_v$ in der Drossel bewirkt und so auch die Durchflußmenge beeinflußt, denn diese ist direkt abhängig von dem Druckgefälle und damit auch die Vorschubgeschwindigkeit. Bei dem System 2.12 ist der Einfluß des Vorschubwiderstandes auf die Vorschubgeschwindigkeit ähnlich. Hier öffnet sich bei wachsendem $p_1 = p_v$ das Ventil HV weiter und der Zylinder erhält weniger Drucköl. Für viele spangebende Formungen, z. B. Drehen, Bohren, Fräsen, ist diese Nachgiebigkeit meistens unerwünscht. Es gibt wohl Hilfsmittel, um ein Gleichhalten des Druckgefälles zu erreichen, hochwertige Maschinen müssen aber doch besser mit mengenmäßig einstellbaren Vorschubsystemen ausgerüstet werden.

Ein weiterer großer Nachteil des Drosselsystems ist die starke Abhängigkeit von der *Betriebstemperatur* des Öles. Bei kaltem, dickflüssigem Öl fließt eine kleinere Menge durch die Drosselöffnung, als wenn es warm und dünnflüssig ist. Aus diesem Grunde sind für solche Systeme möglichst dünnflüssige Öle von 3—4,5 Engler bei 50° C mit flacher Viscositätskurve zu verwenden.

Zu diesen beiden Nachteilen kommt noch ein weiterer hinzu, nämlich die stetige Gefahr einer Verunreinigung und Verstopfung der kleinen Drosselöffnung. Es kann vorkommen, daß sich die eingestellte Vorschubgeschwindigkeit allmählich bis auf Null verkleinert. Eine genaue Eichung und Anordnung einer Geschwindigkeitsskala ist also fast unmöglich. Wenn man sich vorstellt, wie klein bei langsamen Vorschüben und hohem Druckgefälle die Drosselöffnungen gewählt werden müssen und welche unbedeutenden Verstopfungen der Drosselstelle schon einen starken Einfluß auf den Öldurchfluß haben, so wird es klar sein, daß dieses System für solche Zwecke ungeeignet ist. Selbstverständlich wird man durch Einbau von Feinsiebfiltern in Verbindung mit Magnetfiltern das Äußerste tun zur Beseitigung der Verunreinigungen. Manche störanfällige Maschine kann auf diese Weise noch etwas betriebssicherer gemacht werden.

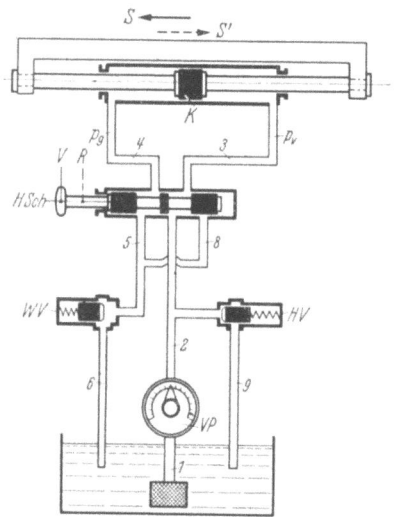

Abb. 3. Ölkreislauf mit Verstellpumpe. VP Verstellpumpe; die übrigen Bezeichnungen wie Abb. 1.

2.2 Ölkreisläufe mit Verstellpumpe.

2.21 Vorschubantriebe mit Verstellpumpe. Bei diesem System wird der Zufluß zum Vorschubzylinder mengenmäßig eingestellt. Die Verstellpumpe[1] VP (Abb. 3) fördert immer nur soviel Öl, wie für die Bewegung des Kolbens K notwendig ist. Es werden also die Nachteile des Drosselsystems vermieden. Der mechanische Wirkungsgrad ist äußerst günstig und eine stets nachteilige Ölerwärmung wird auf ein Mindestmaß beschränkt, da ja kein überschüssiges Öl unter Druck gesetzt wird und dann durch ein Drosselorgan nutzlos abfließt. Der Ölkreislauf ist ähnlich wie beim System

---

[1] Diese Pumpen werden in der Praxis oft als „Regelpumpen" bezeichnet. „Regeln" bedeutet aber die stetige Wiederherbeiführung eines bestimmten Zustandes (z. B. Drehzahl, Durchflußmenge) — selbsttätig oder von Hand — wenn durch irgendwelche Einflüsse eine Ablenkung aus diesem Zustande eintritt. In allen anderen Fällen kann man daher nicht von „Regeln" sprechen. Die Pumpe regelt nichts und wird auch selbst nicht geregelt, sie ist vielmehr so gebaut, daß man sie in einem gewissen Lieferbereich verstellen und auf eine bestimmte Liefermenge einstellen kann.

2.11. Die Pumpe saugt das Öl über Leitung 1 an und fördert es über Leitung 2, den Hauptschieber HSch und die Leitung 3 in den Vorschubzylinder. Der Kolben K bewegt sich nach links und verdrängt auf der Vorderseite eine bestimmte Ölmenge, die über Leitung 4, HSch, Leitung 5, durch das Widerstandsventil WV und über Leitung 6 in den Ölbehälter abgedrückt wird. Nach Umsteuerung des Schiebers HSch kann das von der Pumpe geförderte Öl von 2 nach 4 und das verdrängte Drucköl durch die Leitungen 3, 8, 5 zum Widerstandsventil WV und wieder über 6 abfließen. Das Höchstdruckventil HV tritt nur in Tätigkeit, wenn der Höchstdruck überschritten wird, sei es vom Arbeitswiderstand oder durch einen Festanschlag der Kolbenbewegung. Das Ventil wirkt also hier nur als Sicherheitsventil und gibt dem Überdrucköl über Leitung 9 Abfluß zum Behälter.

Die Tatsache, daß hier der Vorschubdruck p_v im wesentlichen nur von dem Arbeitswiderstand abhängig ist, gestattet eine Beobachtung der Werkzeugabstumpfung während der Arbeit am zunehmenden Vorschubdruck. Außerdem läßt sich ein unwirtschaftliches Arbeiten durch die Festlegung eines bestimmten Höchstdruckes vermeiden. Im allgemeinen arbeiten Vorschubverstellpumpen innerhalb eines Verstellbereiches der Fördermenge von 1:25 bis 1:50 ausreichend genau. Größere Verstellbereiche von 1:100 bis 1:400 lassen sich zuverlässig in einer solchen Pumpe schwierig beherrschen. Der Anteil der nicht vermeidbaren Schlupfverluste an der Pumpenförderung ist bei großem Verstellbereich größer und macht sich dann bei kleinen Vorschüben stark bemerkbar, insbesondere wenn gleichzeitig noch mit hohen Drücken gearbeitet werden muß. Da der Verschleiß sich im Laufe der Betriebszeit vergrößert und damit auch die Schlupfverluste zunehmen, treten im unteren Teil des Verstellbereiches dieselben un-

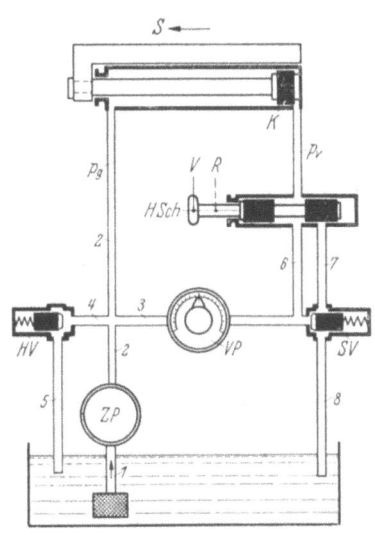

Abb. 4. Zweipumpen-System für Vorschub-Rücklauf. SV Sicherheitsventil; die übrigen Bezeichnungen wie Abb. 1—3.

günstigen Erscheinungen auf wie beim Drosselsystem, also Abhängigkeit vom Arbeitsdruck, von der Viskosität und starker Abfall der Vorschubgeschwindigkeit bei Belastung und Ölerwärmung.

2.22 Zweipumpensystem. Eine Verbesserung des Systems 2.21 durch eine Unterteilung der Förderaufgaben auf zwei verschiedene Pumpen nach Abb. 4, ein sog. Zweipumpensystem, hat große Bedeutung erlangt. Bei dieser Anordnung wird die Verstellpumpe von Drücken wesentlich entlastet und ist im eigentlichen Sinne nur noch eine Meßeinrichtung für die Zuleitung mengenmäßig genau bestimmter Ölmengen zum Vorschubzylinder.

Eine Zahnradpumpe ZP saugt über die Leitung 1 das Öl aus dem Behälter und fördert es über Leitung 2 zur Ringseite des Vorschubkolbens K. Eine Abzweigung 3 aus der Leitung 2 führt der Verstellpumpe das Drucköl zu. Die Verstellpumpe muß also nicht ansaugen. Das überschüssige Öl fließt über Leitung 4 zum Überstrom- oder Höchstdruckventil HV und von dort über Leitung 5 in den Behälter zurück. In sämtlichen von der Eilgangpumpe ZP beaufschlagten Räumen herrscht der am Ventil HV eingestellte Druck p_g, der gleichzeitig als Gegenhaltedruck bei der Vorschubbewegung wirkt. Das von der Verstellpumpe geförderte Drucköl wird der Vorschubleitung 6 zugeführt. Die Leitung 6 führt über den Hauptschieber $HSch$ zum Arbeitszylinder und beaufschlagt die volle Kreisfläche des Vorschubkolbens K. An die Leitung 6 ist das Sicherheitsventil SV angeschlossen, das sich bei einer Überschreitung des Höchstdruckes öffnet und das Drucköl über Leitung 8 in den Ölbehälter abfließen läßt. In der Vorschubleitung 6 stellt sich der Vorschubdruck p_v ein. Dieser Druck ist abhängig von dem Gegendruck p_g, der Reibung in der Kolben- und Schlittenführung und vom Arbeitswiderstand.

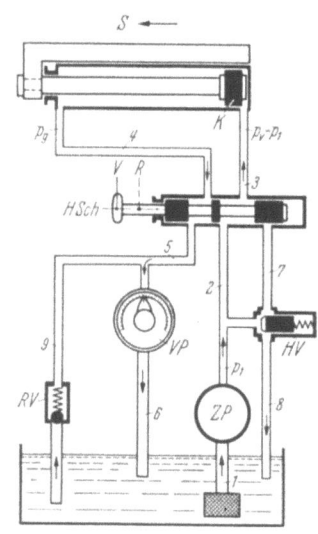

Abb. 5. Vorschubsystem mit Hemmpumpe. RV Rückschlagventil; die übrigen Bezeichnungen wie Abb. 1—4.

Das Kolbenflächenverhältnis wird meistens etwa 1:2 bis 1:3 gewählt, wodurch sich günstige Kraft- und Pumpenwerte ergeben, d. h. schon mit einer verhältnismäßig kleinen Eilgangpumpe ZP erzielt man einen hohen Eilrücklauf, wenn mit dem Hauptschieber $HSch$ ein druckloser Abfluß des Öls aus dem Zylinder zur Leitung 7 geöffnet wird. Um höchste Eilganggeschwindigkeiten zu erreichen, werden vielfach zwei Förderpumpen verwendet, z. B. eine kleinere Arbeitspumpe AP (in Abb. 4 nicht gezeichnet), die den Druck p_g aufrecht erhält und das Vorschuböl zur Verstellpumpe drückt, sowie eine Eilgangpumpe mit großer Förderleistung, die erst bei Rücklauf zugeschaltet wird. Mit diesem System wird die Ölerwärmung stark herabgesetzt und auch der Kraftbedarf für den Antrieb der Pumpen ermäßigt.

Der besondere Vorteil des Zweipumpensystemes liegt außerdem noch darin, daß es möglich ist, die Verstellpumpe VP von Druck und Temperatur fast unabhängig zu machen. Mittelst besonderem Ausgleichventil (Rückkopplungsventil) kann der Druck vor und hinter der Verstellpumpe gleich oder nahezu gleich groß gehalten werden. Es ist leicht möglich, sehr kleine Fördermengen (bis etwa 20 cm³/min) noch zuverlässig der Vorschubleitung zuzumessen, ohne einen schädlichen Einfluß der Temperatur oder des Vorschubdruckes feststellen zu müssen. Ein solcher Antrieb läßt sich jedenfalls nach geeichter Skala einstellen und erfüllt auch die Forderungen jeder zeitgemäßen Fertigung nach gleichbleibenden Maschinenzeiten während der ganzen Betriebsdauer.

2.23 Hemmpumpensystem. Für die sichere Führung der Vorschubbewegung, z. B. beim Gleichlauf-Fräsen, hat sich ein Zweipumpensystem mit Hemmpumpe nach Abb. 5 als zweckmäßig erwiesen. Die Zahnradpumpe ZP saugt das Öl durch Leitung 1 aus dem Behälter an und führt es über Leitung 2, Hauptschieber $HSch$ und Leitung 3 zum Zylinderraum hinter dem Kolben K. Das Höchstdruckventil HV begrenzt den Druck p_1 und läßt das überschüssige Druckmittel in den Behälter abfließen. Der Druck $p_1 = p_v$ bewegt den Vorschubkolben nach links und drückt das in dem Ringraum vor dem Kolben befindliche Öl durch Leitung 4, HSch und Leitung 5 der Verstellpumpe VP zu und dann über Leitung 6 zum Ölbehälter. Die Verstellpumpe braucht also hier nicht anzusaugen. Der Zuströmdruck p_g ist abhängig von dem Kolbenflächenverhältnis und den am Kolben angreifenden Kräften. In der Leitung 4 und 5 zur Verstellpumpe ist kein Druckbegrenzungsventil erforderlich. Die von der Verstellpumpe aufgenommene Menge (Schluckmenge) bestimmt die Kolbengeschwindigkeit. Im Falle einer selbstsaugenden Verstellpumpe muß bei Hubende über Rückschlagventil RV und Leitung 9 Öl aus dem Behälter angesaugt werden können, damit kein schädlicher Unterdruck in der Pumpe entsteht. Nicht selbstsaugende Hemmpumpen (hydromatische Pumpen) erübrigen den Einbau des RV. Nach dem Umsteuern des Hauptschiebers HSch kann das Drucköl der Zahnradpumpe ZP den Kolben K beschleunigt in seine Ausgangsstellung zurückbewegen. Das vor dem Kolben verdrängte Öl hat dabei Abfluß über die Leitungen 3, 7 und 8. Auch bei diesem System ist es möglich, jedes Druckgefälle vor und hinter der Verstellpumpe weitgehend auszugleichen; kleinste Ölmengen können sicher beherrscht werden.

2.3 Ölkreisläufe mit Hydraulikmotor für Drehbewegungen.

2.31 Offener Ölkreislauf. Ein Hydraulikmotor HM für drehende Bewegungen wird in ähnlicher Weise wie ein Arbeitszylinder in den Ölkreislauf eingebaut. Beim offenen Kreislauf nach Abb. 6 wird das Öl aus dem Behälter über Leitung 1 angesaugt und über Leitung 2, Schieber HSch und Leitung 3 dem Hydraulikmotor zugeführt. Die vom Hydraulikmotor aufgenommene Menge wird auch als Schluckmenge bezeichnet.

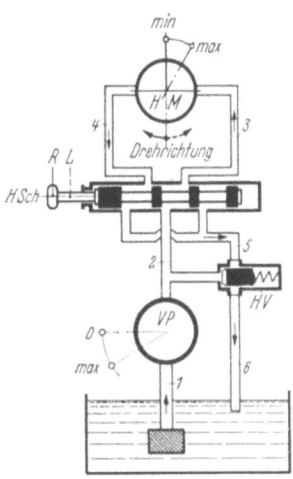

Abb. 6. Offener Ölkreislauf mit Hydraulik-Motor. HM Hydraulik-Motor; die übrigen Bezeichnungen wie Abb. 1—5.

Ebenso wie die Fördermenge der Pumpe ist auch die Schluckmenge des Motors verstellbar. Diese Verstellbarkeit des Motors ermöglicht also eine Vergrößerung des Drehzahlbereichs. Hierbei ist aber Vorsicht geboten. Mit kleiner gestellter Schluckmenge steigt die Umdrehungszahl des Motors rasch an und würde bei 0 einen unendlich großen Wert annehmen. Gleichzeitig fällt die Durchzugskraft des Motors, das Drehmoment, stark ab. Für den *Drehrichtungswechsel* dient der Schieber HSch, der den Zufluß aus Leitung 2 nach 3 mit 2 nach 4 und den Abfluß aus 4 nach 5 mit 3 nach 5 vertauscht. In beiden Drehrichtungen wird immer frisch gefiltertes Öl aus dem Behälter angesaugt.

2.32 Geschlossener Ölkreislauf. Das geschlossene System nach Abb. 7 findet aus Gründen eines einfacheren Aufbaues insbesondere bei hydraulischen Getrieben häufig Verwendung. Im wesentlichen wird von der Verstellpumpe stets die gleiche Ölmenge umgewälzt und auf Druck gebracht, bis auf die Leck- und Schlupfverluste, die sich durch Ansaugen aus dem Behälter ergänzen oder durch eine kleine Hilfspumpe in den Kreislauf gedrückt werden. Das vom Motor HM abfließende Öl wird durch Leitung *1* und *2* von der Pumpe *VP* angesaugt und über Leitung *5, 6* sofort wieder zum Motor gedrückt. Für den Drehrichtungswechsel kann die Verstellpumpe durch die Nullage hindurch in die andere Förderrichtung verstellt werden. Ein besonderer Umsteuerschieber erübrigt sich daher. Die Ventile *HV* begrenzen den Höchstdruck, während die Rückschlagventile *RV 1* und *RV 2* ein Nachsaugen der Verluste ermöglichen.

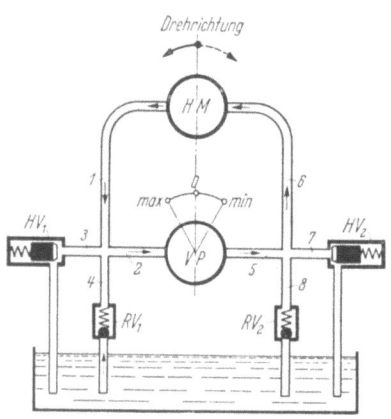

Abb. 7. Geschlossener Ölkreislauf ohne Umsteuergetriebe (für Ölgetriebe). Bezeichnungen wie Abb. 1—6.

2.33 Hydromechanischer Vorschubantrieb. Unter dieser Bezeichnung wurden bewährte Vorschubantriebe für Werkzeugmaschinen entwickelt. Die geradlinige Vorschubbewegung eines Tisches wird dabei nicht unmittelbar durch Zylinder und Vorschubkolben erzeugt, sondern durch den Umweg über eine Drehbewegung mit Hydraulikmotor und mechanischen Gliedern, wie Gewindespindel mit Mutter oder Ritzel und Zahnstange ähnlich Abb. 8. Die Verstellpumpe fördert das Druckmittel entweder in dem *offenen* Kreislauf nach Abb. 6 oder in einem geschlossenen Kreislauf nach Abb. 7 zum Hydraulikmotor *HM* und erzeugt dort eine Drehbewegung für den mechanischen Antrieb. Dieses System besitzt wichtige Vorteile, z. B. eine starre, gleichförmige Bewegung des Vorschubschlittens auch bei großen Hublängen und stark schwankenden Kräften, die Möglichkeit, genaue Einstellungen mit Handrad und Skala von Hand vorzunehmen, kleinen Platzbedarf, Selbsthemmung und damit genaue Festlegung in der Haltstellung, kein Absinken eines Vertikalschlittens bei Stillstand u. a. Nachteilig demgegenüber ist die etwas teurere Bauweise und der geringere mechanische Wirkungsgrad. Die Vorteile sind aber trotzdem überzeugend und manche Aufgaben können nur auf diese Weise einwandfrei hydraulisch gelöst werden.

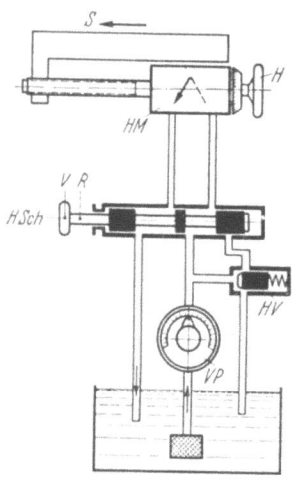

Abb. 8. Ölkreislauf eines hydromechanischen Vorschubantriebes. *H* Handrad; die übrigen Bezeichnungen wie Abb. 1—7.

3. Behandlung und Prüfung der Hydrauliköle.

Mit zu den wichtigsten Voraussetzungen für die Betriebssicherheit eines hydraulischen Antriebes gehört ein geeignetes Hydrauliköl. Die Eigenschaften, die ein solches Öl besitzen muß, sind stark abhängig von der Bauart der hydraulischen Maschine. Als Druckmittel für die Ölhydraulik werden gegenwärtig fast ausschließlich Mineralöle [8, 9] verwendet. Mineralöl ist ein Gemisch weitgehend verschiedener Kohlenwasserstoff-Verbindungen. Als Hydrauliköle eignen sich im allgemeinen am besten paraffinbasische Solvat-Raffinate, denn sie zeigen ein verhältnismäßig günstiges Viskositäts-Temperaturverhalten und eine gute Widerstandsfähigkeit gegen Alterung.

3.1 Wichtigste Forderungen an die Hydrauliköle.

3.11 Viskositätsverlauf. Ein flacher Verlauf der Viskositätskurve über der Temperatur bedeutet einen geringen Viskositätsabfall bei zunehmender Temperatur und eine nur mäßige Viskositätszunahme bei fallender Temperatur. Das ist wichtig im Hinblick auf den Kaltstart im Winter.

3.12 Alterungsbeständigkeit. Bei einschichtiger Arbeitszeit sollte höchstens einmal im Jahr ein Ölwechsel notwendig werden. Das Hydrauliköl muß daher eine hohe chemische Widerstandsfähigkeit gegen die betrieblichen Einflüsse des Luftsauerstoffes und die ölbenetzten Baustoffe haben. Zum Zeitpunkt des Ölwechsels darf die Ölalterung noch nicht so weit vorgeschritten sein, daß unvermeidlich zurückbleibende Ölreste die neue Ölfüllung verderben können. Die Neigung des Öles zu altern nimmt mit steigender Temperatur zu. Temperaturen über 50° C sind daher möglichst zu vermeiden.

3.13 Aufnahmevermögen. Verunreinigungen, Abrieb und Schmutz dürfen sich nicht zu rasch absetzen und dadurch wesentliche Funktionen stören. Das Schlammtragevermögen wird von Viskosität und spezifischem Gewicht, im wesentlichen aber von chemisch-physikalischen Eigenschaften beeinflußt.

Wegen der immer gegenwärtigen Gefahr des Zutritts von Wasser, beispielsweise Kondenswasser, müssen die Öle auch bis zu einem gewissen Grade gegen Vermischung mit Wasser unempfindlich sein. Sie sollen nicht emulgieren, sondern eingemischtes Wasser schnell abscheiden. Die mechanische Leistungsfähigkeit des Hydrauliköles darf von einigen Prozent Wasser nicht zu sehr beeinträchtigt werden.

3.14 Ölfilmfestigkeit. Eine gute Ölfilmfestigkeit (in der Praxis auch mit den Begriffen „Schmierfähigkeit", „Schlüpfrigkeit" oder „Oiliness" ausgedrückt) ist abhängig von dem Reaktionsvermögen mit den Metallen, dem Haftvermögen des Öles am Metallkörper, der Kohäsion der einzelnen Ölmoleküle untereinander und der Viskosität des betreffenden Öles. Diese Eigenschaften entscheiden über die Belastbarkeit der Gleitflächen bei Mischreibung und Flüssigreibung in Pumpen und Motoren sowie die Verschleißfestigkeit der Triebwerkteile und bestimmen mit die Größe der Reibung der mechanischen Teile.

3.15 Schäumen. Schaum ist unter allen Umständen zu vermeiden oder muß gegebenenfalls rasch vergehen. Voraussetzung ist eine nicht zu hohe Oberflächenspannung des Hydrauliköles.

3.16 Kaltbetrieb. Maschinen in ungeheizten Räumen müssen auch im Winter bei regelmäßiger Beanspruchung ohne weiteres in Betrieb genommen werden können. Die Stromaufnahme durch die *erhöhte Viskosität* des Hydrauliköles soll nicht so hoch ansteigen, daß die elektrischen Sicherungen ansprechen. Bei geeigneten Ölen werden im allgemeinen bis zum Gefrierpunkt (0° C) keine Schwierigkeiten auftreten.

3.17 Erwärmung. Temperaturen bis 50° sind als normal anzusprechen. Hydrauliköle halten dieser Beanspruchung ohne weiteres stand. Eine starke Viskositätsabnahme ist aber die Ursache erhöhter Schlupfverluste, weshalb höhere Temperaturen möglichst zu vermeiden sind.

3.18 Belästigung. Hydraulische Antriebe besitzen fast immer einen Ölbehälter, dessen Oberfläche mit der Außenluft in Verbindung steht. Lästige Gerüche des Hydrauliköles sind unerwünscht. Beim Arbeiten an der Hydraulik lassen sich ölige Hände und Kleider kaum vermeiden. Die Berührung des kalten oder erwärmten Öles darf daher nicht gesundheitsschädlich sein.

3.19 Zusätze. Bei der Herstellung des für den jeweiligen Verwendungszweck am besten geeigneten Hydrauliköles werden Zusätze (Additive) verschiedenster Art gemacht. Z. B. gibt es Mittel zur Stockpunkterniedrigung, Verbesserung des Viskositäts-Temperatur-Verhaltens, Erhöhung der Druck-Aufnahmefähigkeit, Verminderung der Alterung, Erhöhung der Haftfähigkeit, Korrosionsschutz usw. Ungeeignete Zusätze wirken nicht für die Dauer und gefährden deshalb die Betriebssicherheit.

Hochgezüchtete Hydrauliköle mit polaren Eigenschaften enthalten einen kleinen Prozentsatz ungesättigter Moleküle, welche einer schnelleren Sauerstoff-Aufnahme unterliegen. Daher kann bei höheren Betriebstemperaturen und bei zu langer Benutzungszeit manchmal eine sehr rasche Alterung einsetzen, die zur Verharzung führt. Bei solchen Ölen ist daher auf Vermeidung zu hoher Temperaturen im Kreislauf zu achten. Es ist deshalb weit besser, wenn das Grundöl schon die gewünschten Eigenschaften aufweist und keine oder nur milde Zusätze erforderlich werden.

3.2 Gütebeurteilung der Hydrauliköle. Es wurden eine Reihe von Untersuchungsmethoden auf die verschiedenen Eigenschaften und Kennwerte der Öle entwickelt. Ein Prüfverfahren, das alle Anforderungen bewertet, konnte aber noch nicht gefunden werden. Nur die Summe der folgenden Kennzahlen läßt eine ausreichende Beurteilung der Ölqualität zu.

3.21 Spezifisches Gewicht. Das spezifische Gewicht wird bei 20° C angegeben. Es ist bei den naphtenbasischen Mineralölen mit 0,910—0,950 verhältnismäßig hoch, dagegen liegen bei den paraffinbasischen Mineralölen (solvatraffinierte Sorten) die Werte bei 0,860—0,910.

3.22 Flamm- und Brennpunkt. Der Flammpunkt eines Öles ist diejenige Temperatur, bei der sich soviel Dämpfe entwickeln, daß das Öldampf–Luft-Gemisch bei Zündung aufflammt. Der Brennpunkt hingegen ist die Temperatur, bei der die Oberfläche des Öles von selbst weiterbrennt. Hydrauliköle haben einen Flammpunkt zwischen 180—200°. Er liegt also weit über jeder Betriebstemperatur.

3.23 Stockpunkt. Für Maschinen im Freien wird bei starkem Frost ein möglichst niedriger Stockpunkt des Hydrauliköles notwendig — im allgemeinen zwischen —10° bis —25° C. Wie beim Auto ist für solche Maschinen im Winter ein dünnflüssigeres Öl als im Sommer zu verwenden.

3.24 Viskosität. Die Viskosität des Öles wird in Centistokes oder in Engler (Abkürzung cSt bzw. E) gemessen und in der Regel für eine Temperatur von 50°C angegeben. Gutes Hydrauliköl soll eine Viskosität von etwa 17 bis 34 cSt/ 50° C (2,5 bis 4,5 E) aufweisen. Das dünnflüssigere Öl kann wohl erhöhte Leckverluste verursachen, hat aber geringere Druckverluste in den Leitungen und

Zuführungskanälen. Die Engler-Werte für die Viskosität eines Öles sind Verhältniszahlen, die lediglich angeben, wie lange eine bestimmte Ölmenge braucht, um durch eine kalibrierte Öffnung zu fließen bzw. um wieviel längere Zeit sie braucht, als die gleiche Menge einer Bezugsflüssigkeit (Wasser). Für eine grobe Feststellung genügt oft eine kleine Messung mit dem einfachen Fordbecher[1] (Abb. 9). Mit diesem leicht herzustellenden Gerät wird die Zeit für den Ausfluß von 100 cm³ Inhalt bei 50° C gemessen. Wasser benötigt 10 Sekunden, Voltol-Gleitöl II etwa 16 Sekunden entsprechend einer Viskosität von 4,5 E. Für die Umrechnung von Fordsekunden in Engler kann die Kurve Abb. 10 und von Centistokes in Engler Abb. 11 verwendet werden.

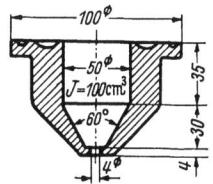

Abb. 9. Fordbecher für Viskositätsmessungen.

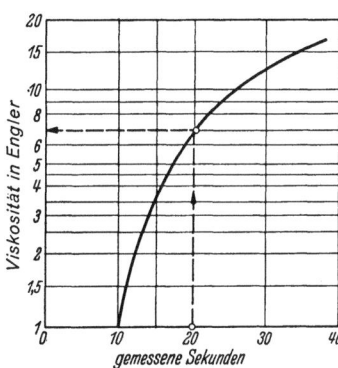

Abb. 10. Schaubild zur Viskositätsmessung in Engler.

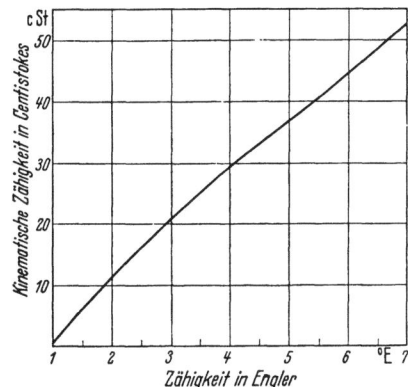

Abb. 11. Umrechnungsschaubild für Centistokes und Engler.

3.3 Wärmedehnung und Zusammendrückbarkeit [*11, 32*]. Das Öl dehnt sich infolge *Erwärmung* erheblich aus, und zwar um etwa 0,07 % für jeden Grad Celsius der Temperaturerhöhung.

Die Flüssigkeiten sind elastisch. Unter Druck gesetzt, wird das Öl verdichtet, also ein gegebenes Volumen vermindert. Das Maß der *Zusammendrückbarkeit* (Kompressibilität) ist von der Druckhöhe und der Temperatur abhängig. Mit steigender Temperatur nimmt auch die Zusammendrückbarkeit etwas zu. Die Zunahme mit der Temperatur ist aber bei den üblichen Betriebstemperaturen zwischen 20 — 70° C vernachlässigbar klein.

Die Abnahme des Volumens mit dem Druck ist bis $\sim$ 300 atü fast linear. Sie beträgt je 50 atü $\sim$ 0,357 % des Anfangsvolumens. Dies entspricht einem Zusammendrückungsbeiwert von

$$\beta = 0{,}00007.$$

Bei höheren Drücken wird β kleiner bis auf einen Mittelwert von 0,000035 bei 3500 atü.

---

[1] Hersteller: Firma *Walter Herzog*, Berlin.

Die elastische Zusammendrückung der Ölsäule in einem Zylinder (Abb. 12) errechnet sich aus

$$z = \beta\, p\, L \text{ (mm)},$$

wenn p den Druckunterschied in atü und L die Länge der Ölsäule in Millimeter bezeichnet. Bei der Bestimmung des verdrängten Volumens darf dabei das Volumen in den Rohrleitungen nicht vernachlässigt, d. h. die Ölsäule L muß entsprechend länger in die Rechnung eingesetzt werden.

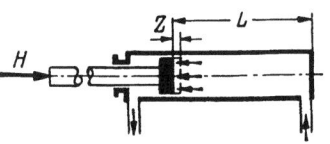

Abb. 12. Zusammendrückung der Ölsäule.

Die Zusammendrückung des Öles verursacht manchmal bei hydr. Steuerungen unangenehme Schaltverzögerungen und bei plötzlichem Kraft- und Druckwechsel ungleichförmigen Vorschub. Diese Erscheinungen werden wesentlich verstärkt, wenn durch ungenügende Entlüftung der Zylinder oder durch Schaumbildung Lufteinschlüsse im Öl vorhanden sind, die die Elastizität des Antriebes vervielfachen. Die Raumvergrößerung infolge elastischer Aufweitung der Rohrleitungen und der Zylinderwände darf bei der Betrachtung der Vorgänge nicht vergessen werden. Wenn auch diese Werte sehr klein sind, so ist bei manchen Antrieben bei der Konstruktion darauf zu achten, daß die Wandstärken von Zylindern und Leitungen genügend stark ausgeführt und die Leitungen möglichst kurz gehalten werden. Beim hydromechanischen Antrieb mit Ölmotor und selbsthemmendem Glied (Gewindespindel, Schnecke, vgl. Abschn. 2.33, S. 12) treten diese Schwierigkeiten kaum mehr in Erscheinung, weshalb dieses System neuerdings immer mehr bevorzugt wird.

3.4 Entlüftung des Hydrauliköles.

3.41 Ursachen der Luftaufnahme. Luft im Ölkreislauf ist die Ursache für viele Störungen, deshalb muß alles getan werden, um eine gute Entlüftung und eine Verhinderung von Luftansaugung während des Betriebes zu erreichen. Luft kann sich auch aus dem Öl ausscheiden, denn Mineralöl hat — ähnlich wie andere Flüssigkeiten — ein Lösevermögen für Gase und enthält nach SMITH [32] *im Sättigungszustand* bei Atmosphärendruck und Raumtemperatur 8—9 Vol.-% Luft, d. h. 80—90 cm³ in 1 Liter. Von der *Temperatur* ist diese Löslichkeit nach der genannten Quelle im Bereich der üblichen Arbeitstemperaturen praktisch unabhängig. Mit zunehmendem *Druck* steigt jedoch dieses Lösevermögen für Gase sehr beträchtlich und fällt demgemäß mit abnehmendem Druck. Bei Drücken bis zu 200 kg/cm² gilt praktisch, daß vom Mineralöl das gleiche Luftvolumen wie bei Atmosphärendruck, jedoch gemessen bei dem jeweils herrschenden Druck, aufgenommen werden kann. Da nun das spezifische Gewicht der Luft im gleichen Verhältnis mit dem Druck zunimmt, vermag das Öl bei höheren Drücken beträchtliche Mengen Luft zu lösen. Wenn auch solche Luftmengen mit dem Drucköl in der Regel nicht in Berührung kommen, so können sich doch bei Druckabnahme, z. B. an Stellen mit turbulenter Strömung oder im Saugrohr, Luftblasen aus dem Öl ausscheiden, ähnlich, wie die Kohlensäure aus dem Wasser entweicht, wenn man eine Mineralwasserflasche öffnet. Dieselbe Erscheinung liegt dem Schäumen von Bier und Sekt zugrunde.

Ob Luft im Ölkreislauf vorhanden ist, kann man an folgenden Merkmalen erkennen: Das Öl im Behälter ist hellgelb und die Oberfläche ist schaumig, ein krachendes, singendes Ansauggeräusch entsteht, der Schlitten bewegt sich ruckweise, bei Umsteuervorgängen, hauptsächlich bei kleinen Fördermengen, tritt eine Zeitverzögerung auf. Zu beachten ist noch, daß nicht die *gelöste* Luft, vielmehr nur die in Form von *Bläschen* im Öl enthaltene Luft Einfluß auf die Arbeit des Getriebeöles hat.

3.42 Maßnahmen. Es gibt verschiedene Maßnahmen, die eine gute Entlüftung und ein betriebssicheres Arbeiten gewährleisten.

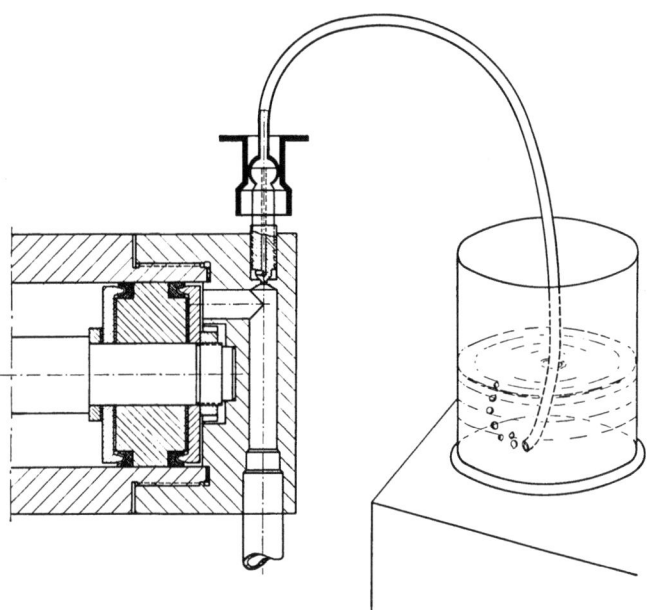

Abb. 13. Entlüftungshahn.

3.421 *Ansaugen*. Genügend große Saugleitungsquerschnitte, kurze Ansaugleitungen mit wenig Richtungsänderungen. Bei größerer Saughöhe ist der Einbau eines Rückschlagventils in die Saugleitung zu empfehlen, damit die Leitung nicht leerläuft bzw. das Eindringen von Luft verhindert wird. Rohrleitungen sorgfältig abdichten, insbesondere die Saugleitung.

3.422 *Abfluß*. Wie die Saugleitungen sind möglichst auch die Abflußleitungen gut unter den Ölspiegel zu führen. Das abfließende Öl soll nicht in der Nähe und in die Richtung der Saugleitung fließen, damit die aus dem Ölkreislauf mitgerissenen Luftblasen nicht sofort wieder angesaugt werden. Durch Einbau von Leitblechen läßt sich gegebenenfalls eine Trennung durchführen, gleichzeitig wird der Ölstrom beruhigt und die Luftblasen haben Zeit, an die Oberfläche zu gelangen. Aus diesem Grund ist auch der Ölinhalt des Behälters möglichst groß zu wählen, in der Regel etwa das 3- bis 4-fache der minutlichen Pumpen-Fördermenge.

3.423 *Zuführung*. Ölzuführung immer an der höchsten Stelle der Zylinderräume anbringen, damit eine vollkommene Durchströmung des ganzen Hydrauliksystems bei jedem Hub erfolgt und keine allmählich sich bildende Luftsäcke entstehen können. Tote Räume in den Zylindern und Rohrleitungen, die von der Strömung nicht erfaßt werden, möglichst vermeiden.

3.424 *Entlüftungsstutzen.* Wenn besondere Entlüftungsstutzen vorgesehen sind, diese zuerst öffnen. Ein praktischer Entlüftungshahn[1], der gleichzeitig die Luft- und Ölabführung durch einen Schlauch in einen Behälter ermöglicht, zeigt Abb. 13. Eine Dauerentlüftung kann in manchen Fällen durch Einbau genügend langer, dünner Rohrspiralen, etwa 10 m, 2 mm ⌀, erzielt werden. Anschluß an höchster Stelle des Zylinders, freies Ende unter den Ölspiegel führen.

3.425 *Betriebliche Maßnahmen.* Nach der ersten Inbetriebnahme der Maschine möglichst mehrmals den Arbeitskolben im Eilgang über den gesamten Hub bewegen, um durch hohe Strömung in den Rohrleitungen und Kanälen vorhandene Luftblasen nach unten abzuführen.

3.5 Zulässige Ölgeschwindigkeiten. Hydraulische Antriebe und Steuerungen arbeiten oft deshalb nicht befriedigend, weil die Rohrleitungen zu klein gewählt wurden und nicht der Durchflußmenge entsprechen. Insbesondere das abfließende Öl in Abflußleitungen soll rasch und drucklos abströmen. Hohe Staudrücke verursachen eine Geschwindigkeitsdrosselung. Um den Staudruck zu überwinden, muß der Arbeitsdruck der Pumpe erhöht werden, wodurch sich zwangsläufig die Temperatur erhöht mit allen damit verbundenen Nachteilen. Die zulässigen Ölgeschwindigkeiten in den Druckleitungen sind praktisch erprobt und dürfen nicht wesentlich überschritten werden. Sehr wichtig ist die Einhaltung der zulässigen Ölgeschwindigkeiten in der Saugleitung. Die Saugraumdrosselung macht sich durch ein singendes Geräusch sowie durch Füllungsverluste bemerkbar und erhöht die Gefahr des Ansaugens von Luft (vgl. auch

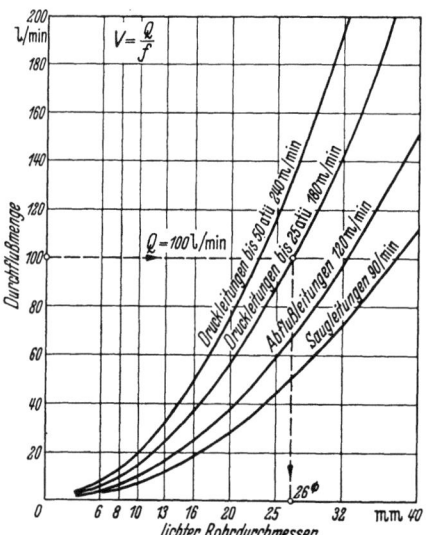

Abb. 14. Schaubild der zulässigen Ölgeschwindigkeiten.

Abschn. 3.4, S. 16). Zur Bestimmung des lichten Rohrdurchmessers bei den verschiedenen Fördermengen und Arbeitsdrücken dienen die Kurven der Abb. 14. Zu beachten ist dabei: je länger die Leitung und je mehr scharfe Ecken und Richtungsänderungen vorhanden sind, desto größer muß der Rohrquerschnitt sein. Umgekehrt sind in ganz kurzen Übergängen, wie sie bei Fühlerschiebern und Ventilbüchsen vorkommen, ohne weiteres höhere Geschwindigkeiten bzw. kleinere Querschnitte zulässig.

3.6 Kühlung des Öles. Die Betriebstemperatur einer modernen Hydraulik sollte auch an heißen Tagen möglichst unter 60° C liegen. Bei höheren Temperaturen treten durch die Viskositätsabnahme meistens auch erhöhte Leckverluste auf.

---

[1] Hersteller: Firma *Teves,* Frankfurt a. M.

Druckgesteuerte Vorschubsysteme schalten dadurch verzögert oder überhaupt nicht um, und die Vorschubwerte stimmen in der Regel nicht mehr mit der Skala überein. Weiter bedingt die Abnahme der Viskosität des Öles im allgemeinen geringere Tragfähigkeit des Ölfilms, und dadurch teilweise eine schlechtere Schaltung der Umsteuerventile. Auch die Alterung des Öles wird ungünstig beeinflußt, da nach einer Faustregel im Temperaturgebiet über 50° C die Alterungsgeschwindigkeit sich verdoppelt, wenn die Temperatur um 12° steigt. Eine wirksame Kühlung wird sich daher fast immer lohnen. Die ölberührte Seite von Kühlern [12] muß für eine Reinigung gut zugänglich sein, denn gerade an den gekühlten Flächen lagert sich bevorzugt Schlamm ab.

3.61 **Abführung der Wärme.** Die Wärme wird durch Abstrahlung an die umgebende Luft und durch Wärmeleitung in die Gestellwände des Maschinenbettes abgeführt. Die Wärmeableitung in das Maschinenbett wirkt sich manchmal sehr nachteilig auf die Fertigungsgenauigkeit der Werkstücke aus. Bei Genauigkeitsmaschinen und hohen Öltemperaturen muß der Wärmestau im Ölbehälter möglichst gering gehalten werden. Oft bedarf es hierzu besonderer Kühleinrichtungen. Eine Voraussetzung für wirksames Kühlen ist eine turbulente Strömung innerhalb des Ölbehälters, damit immer neue Ölschichten ihre Wärme an das Kühlmittel abgeben können.

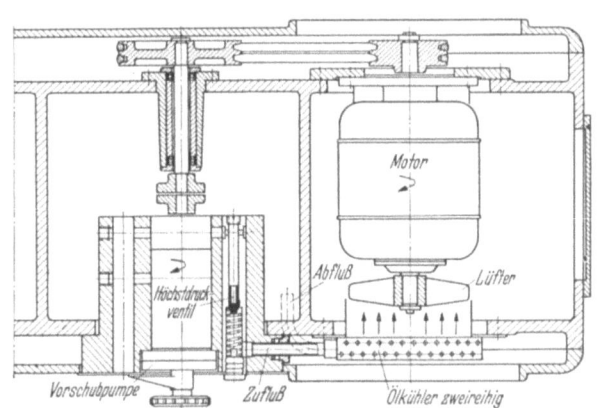

Abb. 15. Röhrenkühler mit Luftkühlung.

3.62 **Luftkühlung.** Es ist nicht zweckmäßig, die Kühlluft direkt auf die Öloberfläche wirken zu lassen, da hierbei die Oxydation des Hydrauliköles begünstigt wird. Zeitgemäße Kühler (Wärmeaustauscher) mit guten Wirkungsgraden werden von zahlreichen Kühlerfirmen hergestellt, z. B. Röhrenkühler mit Lamellen, bei denen das abfließende Öl durch die Röhren geleitet wird. Ein Lüfter saugt oder bläst kühle Luft durch die Lamellen (Abb. 15).

3.63 **Wasserkühlung.** Eine Wasserkühlung ist selbstverständlich noch wirkungsvoller. Hierfür sind ebenfalls handelsübliche Röhrenkühler erhältlich, die sich sehr gut in dem Maschinenbett unterbringen lassen. Notfalls kann auch eine selbsthergestellte Rohrschlange — kein Kupferrohr — in den Ölbehälter eingebaut werden. Kupfer wirkt als Katalysator und beschleunigt die Alterung des Öles. Die Rohrschlange wird zweckmäßig aus dünnwandigen Stahlrohren angefertigt. Wichtig ist, daß die Kühleinrichtung ganz im Öl eintaucht, um schädliche Schwitzwasserbildung zu verhindern (vgl. [33] u. Hütte, Bd. I).

Die notwendige Kühlfläche berechnet sich aus:

$$F = \frac{W}{k\,\Delta t_m}\ (\text{m}^2)$$

$W =$ stündlich abzuführende Wärmemenge kcal/h;

$k =$ Wärmedurchgangszahl ≈ 150—$300\ \dfrac{\text{kcal}}{\text{m}^2\,h\,°\text{C}}$; k ist abhängig von der Ölgeschwindigkeit, die nicht unter 1 m/s sinken sollte;

$\Delta t_m =$ mittlerer Temperaturunterschied zwischen Öl und Kühlwasser.

3.64 **Maschinelle Kühlung.** Maschinelle Kühlung mit Kühlflüssigkeiten baut groß und teuer und ist nur in besonders ungünstigen Fällen notwendig.

3.7 Reinigung und Erneuerung.

3.71 Filterung des Öles. In jedem Hydraulikkreislauf unterliegt das Öl einer zunehmenden Verschmutzung durch Abrieb- und Verschleißteilchen, Staub usw. Außerdem tritt eine Verschlammung des Öles durch Alterungsprodukte und Schwitzwasser des Öles auf. Es bedarf deshalb einer dauernden Reinigung.

3.711 *Grobfilter.* Das einfachste mechanische Reinigungsglied ist ein feinmaschiges Drahtsieb oder eine durchlässige Gaze, die in die Saugleitung eingebaut ist. Je nach Feinheit werden die Fremdkörper zurückgehalten. Die Verschmutzungen und Verschlammung des Öles setzen allmählich jedes Filter zu und verhindern das Ansaugen der vollen Fördermenge durch die Pumpe. Ein verhindertes volles Ansaugen macht sich durch einen hohen, singenden Ton der Pumpe bemerkbar. Meistens wird auch noch Luft durch undichte Stellen angesaugt und in den Kreislauf gefördert. Es ist unbedingt erforderlich, daß die Grobfilter regelmäßig

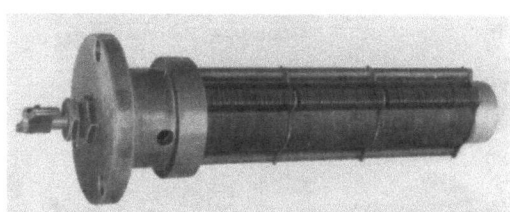

Abb. 16. Spaltfilter, Ansicht.

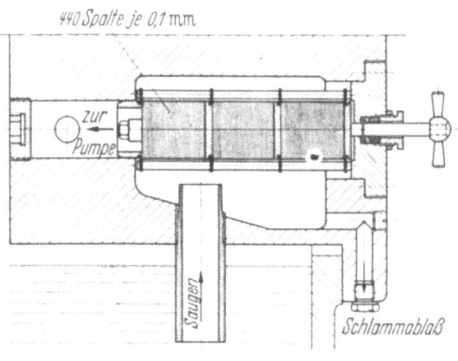

Abb. 17. Einbau eines Spaltfilters.

alle 2—3 Monate ausgebaut und gereinigt werden, wenn dies auch oft nicht ganz einfach und mit einigen Umständen verknüpft ist.

3.712 *Spaltfilter.* Ein Spaltfilter nach Abb. 16 u. 17 läßt sich einfacher bedienen. Die Filterung geschieht hier durch ein drehbares Lamellenpaket von 0,08 mm Spaltweite. Das Lamellenpaket kann während des Betriebes gereinigt werden. Beim Drehen am Handgriff werden die Lamellen gegen feststehende Kratzer geführt, wodurch der gesamte Schmutz abgestreift und der volle Ansaugequerschnitt wieder hergestellt wird. Nach etwa 2000 Betriebsstunden oder bei Neufüllung des Öles muß das Filter aber ausgebaut, gereinigt und der im Filtergehäuse angesammelte Schmutz entfernt werden.

3.713 *Magnetfilter*. Die mechanische Art der Filterung ist aber noch nicht vollkommen, da kleine Teilchen durch die Spalte wandern können. Insbesondere Metallteilchen können sehr leicht ein Anfressen der mit engem Spiel laufenden Pumpen- und Steuerungsteile verursachen. Zeitgemäße hydraulische Einheiten besitzen daher meist zusätzlich ein *Magnetfilter* oder ein geeignetes Kombinationsfilter (Abb. 18). An dem ausgebauten Magnetstab erkennt man die festgehaltenen Metall-Teilchen und die Notwendigkeit für diese Art der Reinigung.

Abb. 18. Ansicht eines Magnetfilters.

3.714 *Feinfilter*. Bei den empfindlichen Nachform-(Kopier-)-Steuerungen an den Nachformeinrichtungen z. B. für Drehbänke [3, 4] und Fräsmaschinen muß unbedingt auf eine gute Filterung des Öles gesehen werden, um eine hohe Genauigkeit des Fühlers zu gewährleisten. Ein Feinfilter in der Druckleitung kurz vor dem hydraulischen Fühler reinigt das Drucköl noch von den letzten feinen Verunreinigungen. Die Feinfilter bestehen aus einer Anzahl von gewölbten Filterscheiben, die

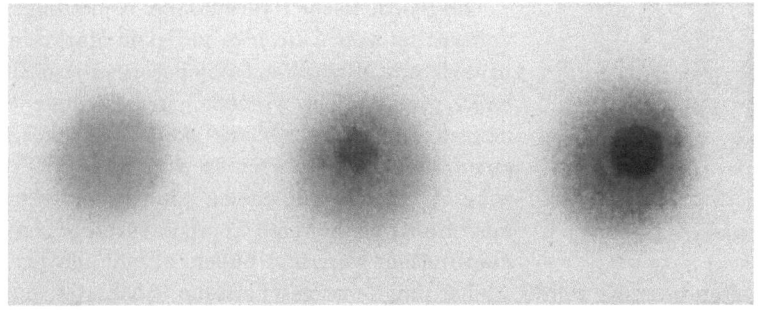

| Frisches, unverbrauchtes Öl | Weiterverwendung für Getriebe bei regelmäßiger Kontrolle | Stark verschmutzt, muß filtriert werden |

Abb. 19. Öltropfen auf Filterpapier (Löschpapier) zum Prüfen der Verschmutzung.

in einem druckfesten Gehäuse wechselseitig geschichtet angeordnet sind. Die einzelnen Scheiben sind mit feinsten engmaschigen Drahtgeflechten überzogen. Derartige Feinstfilter sind öfters, mindestens aber alle 3 Monate sorgfältig zu reinigen, soll der Zweck des Filters erfüllt werden.

3.72 Reinigung des Hydrauliköles. Verunreinigte Öle sind keinesfalls unbrauchbar oder wertlos. Werden sie in besondere Absetzbehälter gefüllt, so setzen sich Schlamm und die groben Verunreinigungen allmählich nach unten ab. Das nach einigen Tagen über der Schlammablagerung stehende helle, nun schon vorgereinigte Öl wird in einem Filterapparat abfiltriert. Der Filterapparat besteht aus einem Behälter mit zwei Trennwänden mit Filtereinsätzen aus Filz oder Putzwolle. Zur Beschleunigung des Durchsatzes kann das Öl unter geringen statischen Druck gesetzt und gleichzeitig erwärmt werden. Das auf diese Weise gereinigte Öl ist ohne weiteres wieder verwendbar, während unfiltriertes Öl am besten den Aufbereitungsgroßanlagen eingesandt wird. Zur Feststellung des Verunreinigungsgrades empfiehlt sich eine einfache Tropfenprobe auf Filterpapier. Man träufelt einen Tropfen Öl — aus dem Kreislauf während des Betriebes entnommen — auf ein Filterpapier (Löschpapier) und läßt es einziehen. Bei unverbrauchtem Hydrauliköl zeigt sich ein heller, gelber Fleck (Abb. 19), bei einem gealterten Öl entsteht in der Mitte ein dunkler Fleck; dieser tritt um so stärker hervor, je mehr das Öl verbraucht ist. Im letzten Fall ist ein sofortiger Ölwechsel unbedingt notwendig.

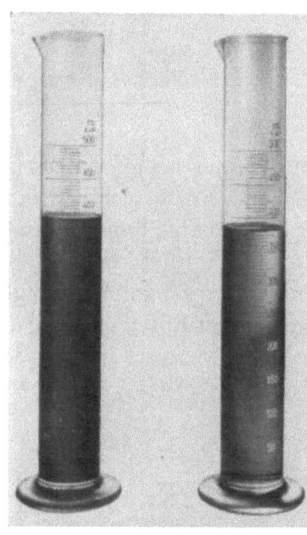

Abb. 20. Schlammablagerung in einem Probeglas. *a* reines Hydrauliköl; *b* verschmutztes Öl.

Auch eine Ölprobe aus dem Kreislauf in ein Standglas abgefüllt, zeigt nach einiger Zeit den Grad der Schlammbildung an der Höhe der Ablagerungen (Abb. 20).

3.73. **Altöl-Verwendung.** Das Aufarbeiten von Altölen in Regeneratoren, d. h. eine Anwendung von Chemikalien, ist für einen Verbraucher in der Maschinenindustrie kaum lohnend. Ausgesprochene Altöle werden zweckmäßig an die Aufbereitungsbetriebe der Ölhersteller zur Regenerierung eingesandt.

3.8 Synthetische Hydrauliköle. Neuerdings werden vollsynthetische *Siliconöle* auf dem Markt im Wettbewerb mit Mineralölen angeboten. Diese Siliconöle haben wesentliche Vorteile, insbesondere eine geringere Temperaturabhängigkeit der Viskosität und einen niederen Stockpunkt von rd. —100° C. Gewisse Arten von Siliconölen können bei höheren Viskositäten und höheren Temperaturen gegen Wasser empfindlich sein und büßen allmählich ihre guten Eigenschaften ein. Es werden daher möglichst geschlossene Ölbehälter empfohlen mit einer Entfeuchtung der Ausgleichsluft über Kieselpatronen. Der Einsatz dieser Siliconöle ist vorerst noch unbedeutend, da der Preis ein Vielfaches der besten Mineralöle beträgt.

3.9 Öldienst im Betrieb (siehe auch [*11*]). Die Betriebssicherheit und Leistung hydraulischer Maschinen ist stark abhängig von der regelmäßigen und rechtzeitigen Erneuerung des Hydrauliköles. Die verantwortungsvolle Aufgabe wird am besten einer zentralen Stelle, dem „*Öldienst im Betrieb*" übertragen. Der Öldienst ist verantwortlich für die Einfüllung vorgeschriebener Ölqualitäten, die notwendige Reinigung und rechtzeitige Erneuerung. Es ist zweckmäßig, für die gesamte Schmierung jeder Maschine eine Ölkarte auszustellen, in der für jede Schmierstelle der geeignete Schmierstoff oder das Hydrauliköl sowie der voraussichtliche Bedarf in einer bestimmten Zeit angegeben ist. Gleichzeitig enthält diese Ölkarte den Tag

Öldienst im Betrieb.

Tabelle 1. *Geeignete Hydrauliköle* (vgl. Abb. 21).

Name	Marke	Lieferwerk	Viskosität E/50° C
Shell	Voltol Gleitöl II	Deutsche Shell	4,5
Shell	Tellus 33	Deutsche Shell	5,3
Gargoyle	Vactra mittelschwer	Deutsche Vacuum	4,5
Gargoyle	DTE mittelschwer	Deutsche Vacuum	4,5
Benzol-Verband	KLX	BV	4,5
Benzol-Verband	HTX	BV	4,2
Valvoline	BB	Valvoline	4,5
Valvoline	VL	Valvoline	4
Energol	HP 20	BP	4,2
NITAG	Vitam EH	NITAG	4,5
Esso	Esstic 45	Esso	3,6
Esso	Esstic 50	Esso	5,8

der Erneuerung und den Vermerk ,,Neuöl" oder ,,Aufbereitungsöl". Auch ist es sehr zu empfehlen, alle übrigen Feststellungen, die mit der Füllung zusammenhängen, hier niederzulegen, damit jederzeit alle technischen Unterlagen für den Neubedarf bereitstehen. Man wird versuchen, mit möglichst wenig Ölsorten auszukommen. Geeignete Hydrauliköle sind in Tabelle 1 angegeben, der Verlauf ihrer Viskosität in Abhängigkeit von der Temperatur ist in Abb. 21 dargestellt.

Nach Angaben der *Industriewerke Karlsruhe A.G.* werden für die hydraulischen *Nachformeinrichtungen* an Drehbänken [34] Hydrauliköle mit etwas niedrigerer Viskosität verwendet, wie sie in Tabelle 2 wiedergegeben sind.

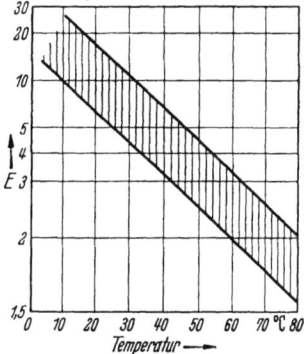

Abb. 21. Viskositätsbereich von Hydraulikölen nach Tabelle 1.

Tabelle 2. *Hydrauliköle für Nachformeinrichtungen*.

Name	Marke	Lieferwerk	Viskosität E/50° C
Nitag	Vitam DH	Nitag	3,5
Shell	Tellus 27	Deutsche Shell	3,2
Esso	Teresso 47	Esso	4
Energol	Hydraulic 65	B. P.	3
B. V.-Aral	HTU	B. V.	3,5
Gargoyle	DTE-Ölmittel	Deutsche Vacuum	4

3.91. Ölwechsel. Eine nutzlose Verschwendung ist die Nachfüllung von neuem Hydrauliköl in einen Behälter, der noch stark gealtertes Öl enthält. Mit dem Neuöl wird die Qualität des alten Öles kaum verbessert, das Neuöl aber hierdurch ebenfalls weitgehend verschlechtert. Wenn ein Ölwechsel notwendig ist, so genügt in den meisten Fällen das Ablassen des Öles und ein Nachspülen des gesamten Ölkreislaufes mit einer kleinen Menge Frischöl, das hierauf ebenfalls wieder entfernt wird. Erst dann ist die gesamte neue Ölfüllung einzugießen. Auf Sauberkeit muß besonders geachtet werden. Das Öl ist durch ein Sieb einzufüllen. Bei stark ver-

24   Behandlung und Prüfung der Hydrauliköle.

schlammtem und verharztem Öl ist eine Sonderlösung zum Spülen zu verwenden. Das Lösungsmittel darf aber nur nach den Richtlinien des Öllieferanten verwendet werden; sehr oft wird es mit Mineralöl vermischt. Unter allen Umständen muß das Lösungsmittel durch eine Nachspülung mit reinem Mineralöl wieder entfernt werden. Bei ganz schweren Fällen kann selbst der Ausbau verschiedener Getriebeteile notwendig werden.

Lösungsmittel sind: Petroleum, Naphtha, Tetrachlorkohlenstoff, Azeton oder Butylalkohol, spezielle Spülöle.

Abb. 22. Öl-Ausgabe.

3.92 Öllagerung. Je nach dem Verbrauch wird man sich entscheiden, ob man das Öl in Fässern oder in Vorratsbehältern lagert. Mindestens einen Monatsbedarf sollen die Behälter fassen. Größere Behälter erleichtern den raschen Umlauf der Fässer oder das Entleeren der Kesselwagen. In die größeren Vorratsbehälter werden Förderpumpen eingebaut, die das Öl zu den Meßstellen der Ausgabe befördern (Abb. 22)[1]. Auf die Verschmutzung muß stets geachtet werden. Die Behälter sind in staubfreien Räumen aufzustellen. Über die zweckmäßige Einrichtung des Schmierstofflagers, die Lieferung von Behältern usw. geben Lieferfirmen und der „Schmiertechnische Dienst" der Ölfirmen jede beratende Auskunft.

3.93 Öldienstwagen. Die Ausgabe der Öle geschieht üblicherweise mittels Transportkannen, die mit der Bezeichnung des eingefüllten Öles versehen werden,

---

[1] Hersteller: Friedrich Reichert, Maschinenfabrik, Hof/Saale; Deutsche Tecalemit GmbH, Windelsbleiche-Bielefeld; Tank- u. Apparatewerk J. B. Michiels G.m.b.H., Brohl/Rhein; Deutsche Gerätebau-Aktienges., Werk Martini-Hüneke, Salzkotten/Westfalen.

damit keine Verwechslungen vorkommen. Gut bewährt haben sich farbige Kennzeichen.

Kennzeichnung der Öle für Werkzeugmaschinen siehe Normblatt DIN 8659.

Für größere Ölverbraucher ist die Anschaffung eines Öldienstwagens nach Abb. 23[1] sehr zu empfehlen, der mit mehreren Ölbehältern und Ölfördereinrichtungen ausgerüstet ist. Er ermöglicht ein rasches Absaugen der Altölfüllung, das Durchspülen des entleerten Ölbehälters mit Spülöl und das Füllen mit Frischöl und gewährleistet einen schnellen einwandfreien Öldienst.

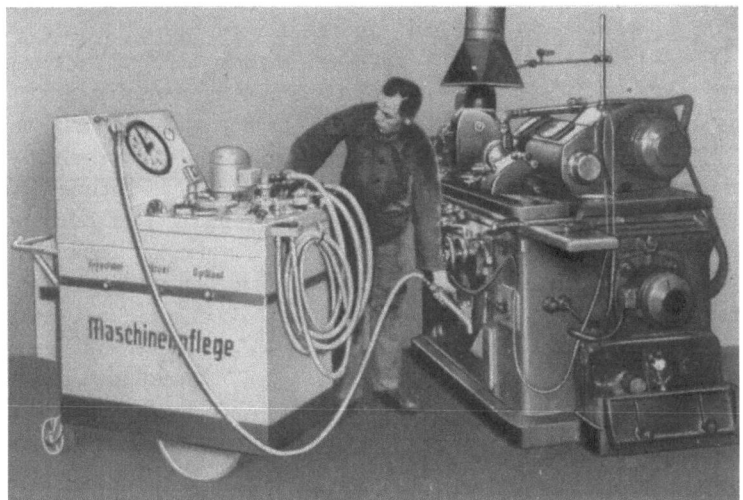

Abb. 23. Ansicht eines Öldienstwagens.

4. Behandlung und Prüfung der Drucköpumpen.

Eine zuverlässige und genaue Förderung des Öles gehört zu den wichtigsten Aufgaben jedes hydraulischen Antriebes. Zahlreiche verschiedenartige Pumpensysteme und Konstruktionen liegen in der Praxis vor. Im folgenden können nur einige bekannte Bauformen erläutert werden[2]. Drucköpumpen bestehen aus hochwertigen Präzisionsteilen und arbeiten in der Regel nur bei höchster Passungsgenauigkeit und Oberflächengüte einwandfrei. Infolgedessen muß bei jeder Behandlung und Prüfung mit Sachkenntnis und Sorgfalt gearbeitet werden. Um in allen Fällen sachgemäß vorgehen zu können, ist eine genaue Kenntnis des Aufbaues und der Arbeitsweise von großem Vorteil, auch lassen sich dann die Ursachen von Störungen leichter feststellen.

4.1 Zahnradpumpen. Unter den Drucköl-Pumpen nehmen die Zahnradpumpen einen bedeutenden Platz ein. Für viele Zwecke genügt eine gleichbleibende Förderung ohne jede Verstellung bzw. eine einfache Drosselregelung. Die robuste Zahnradpumpe hat sich für alle vorkommenden Arbeitsdrücke bis etwa 120 atü

---

[1] Hersteller: Friedrich Reichert, Maschinenfabrik, Hof/Saale, Bayern; Hans Hoffmann, Apparatebau, Berlin S.O. 36; Deutsche Tecalemit GmbH, Windelsbleiche-Bielefeld.

[2] Vgl. Schrifttum [13] ff.

bestens bewährt. Sie wird für Fördermengen bis zu 80 l/min gebaut und bei Drücken bis zu 50 atü für Fördermengen bis zu rd. 200 l/min.

4.11 Arbeitsweise. Zwei oder drei achsparallele Zahnräder Abb. 24 und 25 kämmen ineinander und verdrängen durch den Zahneingriff das Druckmittel, das auf der Saugseite S angesaugt und auf der Verdrängerseite in die Druckleitung abgeführt wird. Es ist dabei zu beachten, daß das Druckmittel in den Zahnkammern am Umfang außen herum nach der Druckseite geführt und hier beim Zahneingriff verdrängt wird.

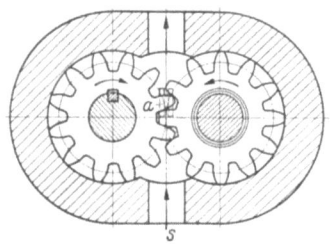

Abb. 24. Wirkungsweise einer Zahnradpumpe. *s* Saugseite; *a* Nute zur Ableitung des Quetschöles nach dem Druckraum.

Die Verdrängung bis zur ganzen Entleerung der Zahnkammer bereitet insofern Schwierigkeiten, als die Lücke schon vorher vom Gegenzahn abgeschlossen wird. Beim Weiterdrehen wird das Öl (etwa $1/_{10}$ der gesamten Menge) gequetscht und muß mit hohem Überdruck an den Seitenspalten entweichen, wodurch ein geräuschvoller, harter Gang der Pumpe verursacht wird. Um dies zu vermeiden, wird das sogen. Quetschöl durch Aussparungen a (Nuten) in den Seitenflächen (Abb. 24) des Pumpengehäuses zum Druckraum abgeleitet.

Abb. 25. Dreiradzahnradpumpe, auseinandergenommen.

Da eine gewisse Überdeckung der Zahnräder an den Seitenflächen zur Saugleitung notwendig ist, dürfen Entlastungsnuten, insbesondere bei Hochdruckpumpen, nicht von der Mitte nach beiden Seiten gelegt werden, sondern nur einseitig nach der Druckzone. Die Entlastung ist daher von der Drehrichtung abhängig. Muß eine Pumpe für Links- und Rechtslauf verwendet werden, ist eine doppelseitige Entlastung mit kleiner Überdeckung in der Mitte notwendig.

Einseitige Drücke in der Achsrichtung der Pumpenräder sind zu vermeiden. Dem Lecköl gibt man entweder nach beiden Richtungen freien Abfluß (Abb. 26) oder führt — wenn die Pumpe keinen Verlust nach außen besitzen soll — beidseitig der Lagerung das Lecköl wieder zurück zum Saugraum (Abb. 27).

Die Lagerung der Pumpenräder ist von größter Bedeutung für die Betriebssicherheit und Dauerbeanspruchung. Bei Niederdruckpumpen einfacher Bauart werden oft Gleitlagerungen Abb. 27 verwendet, während für Hochdruckpumpen bis 120 atü Dauerleistung bzw. 180—200 atü kurzzeitiger Spitzenbeanspruchung auch eine hochwertige Wälzlagerung in Frage kommt (Abb. 26). Die Schmierung

Zahnradpumpen. 27

ist bei beiden Lagerarten naturgemäß gut, jedoch wird ein Gleitlager empfindlicher gegen Anfressungen sein, insbesondere bei verunreinigtem Öl. Ebenso können überhöhte Lagerpressungen diese Schwierigkeiten verursachen.

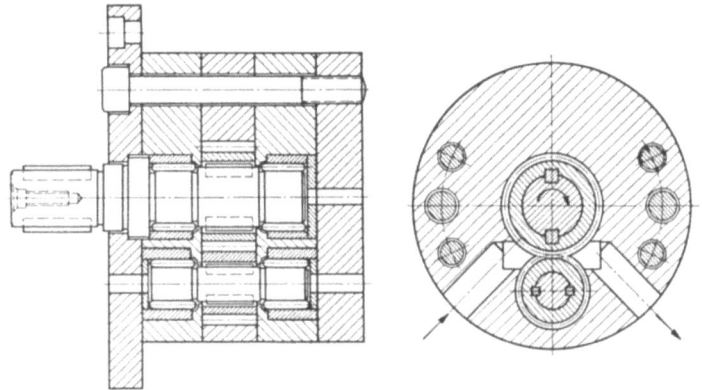

Abb. 26. Zahnradpumpe ohne Stopfbuchse. Leckverluste nach beiden Seiten-Zapfen mit Nadellagern.

4.12 Prüfung von Zahnradpumpen. Bei starkem Druckabfall oder Luft im Ölkreislauf ist es oft schwierig, sofort die richtige Störungsstelle zu finden. Die Prüfung der Zahnradpumpe auf ihren Verschleißzustand ist aber meistens ein sicheres Mittel, um an die Ursache heranzukommen. Ein gutes Bild über den inneren

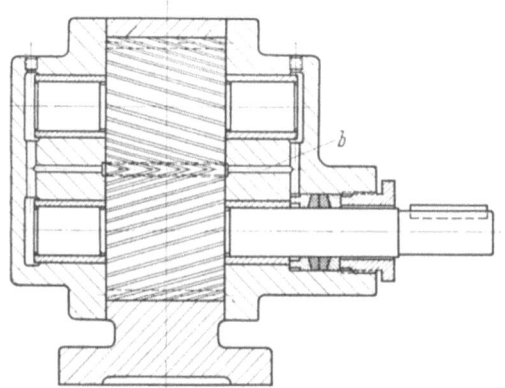

Abb. 27. Zahnradpumpe mit Stopfbuchse. b Bohrungen für Lecköl-Rückführung.

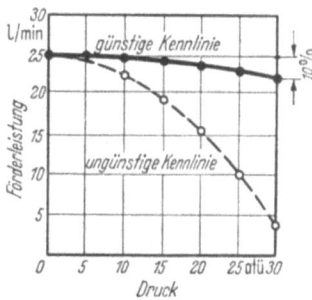

Abb. 28. Kennlinien von Zahnradpumpen. O = Meßpunkte.

Zustand einer Zahnradpumpe vermittelt die Förderkennlinie (Abb. 28). Sie zeigt die minutliche Förderleistung bei steigenden Arbeitsdrücken. Oft genügt schon eine Feststellung der tatsächlichen Fördermenge beim eingestellten Betriebsdruck und ein Vergleich mit der theoretischen Pumpenleistung. Zu diesem Zweck leitet man den Abfluß des Druckventiles mit einem entsprechend langen Schlauch in einen Meßbehälter (Eimer) und schaltet die Pumpe 10—30 Sekunden ein. Beispielsweise beträgt die vom Höchstdruckventil unter 25 atü abfließende Menge $Q = 10$ l/min und die theoretische Förderleistung der Pumpe $Q_0 = 23$ l/min. Es tritt somit ein Förderverlust unter dem Druck von 25 atü von 23 auf 10 l/min gleich 56% ein.

Man berechnet die theoretische Förderleistung Q_0 einer Zahnradpumpe, indem man als Fördermenge eines Rades das Zahnlücken-Volumen, vermindert um den Spielraum zwischen Zahnfuß des einen und Zahnkopf des anderen Rades, zugrundelegt, also mit einer Zahnkopfhöhe = Modul m:

$$Q_0 = \frac{\pi\, d_t\, 2\, m\, B\, n}{1000} \text{ (l/min)},$$

worin: d_t = Teilkreisdurchmesser des treibenden Pumpenrades in cm,
m = Modul der Pumpenräder in cm,
B = Radbreite in cm,
n = Umdrehungszahl der Pumpe in U/min.

Wenn die technischen Daten der Pumpe nicht bekannt sind, kann durch eine weitere Messung bei 0 atü (Öffnung des Höchstdruckventiles), also bei drucklosem Abfluß der Unterschied zwischen Förderung bei Betriebsdruck und druckloser Förderung festgestellt werden. Sind die Förderunterschiede bei kaltem Öl größer als 25%, so kann hieraus geschlossen werden, daß die Pumpe, insbesondere bei erwärmtem Öl, einen viel zu hohen inneren Leckverlust hat und deshalb oft nicht mehr in der Lage ist, einen gleichbleibenden Betriebsdruck über die gesamte Betriebsdauer zu erzeugen.

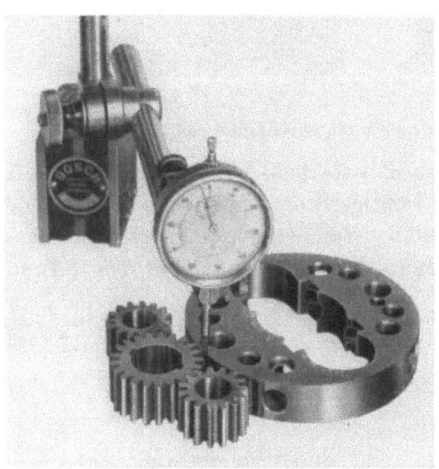

Abb. 29. Nachmessen des seitlichen Räderspiels von Zahnradpumpen.

4.13 Behandlung von Zahnradpumpen. Die Leistungsfähigkeit einer Zahnradpumpe hängt in hohem Maße vom seitlichen Laufspiel zwischen Zahnrad und Zahnradgehäuse ab. Die Ursachen erhöhter Schlupfverluste liegen meistens in einem Verschleiß oder in Anfressungen der Planflächen. Besteht das Gehäuse aus Grauguß, so ist eine Nacharbeit leicht möglich, da Anfressungen an den Stirnflächen durch Nachschleifen beseitigt werden können. Leichtmetallgehäuse müssen auf der Drehbank nachgedreht werden, was nicht immer möglich ist, weil beim Anfressen gewöhnlich starke Vertiefungen auftreten.

Aus Bearbeitungsgründen werden Zahnradpumpen sehr oft aus 3 Platten zusammengesetzt (vgl. Abb. 25). Das mittlere Pumpengehäuse enthält die Zahnräder und bestimmt gleichzeitig das seitliche Laufspiel zwischen Rädern und Gehäuse. Eine Überholung der Pumpe ist daher sehr einfach. Zunächst werden die Seitenplatten plangeschliffen bis die etwaigen Anfressungen beseitigt sind. Bei der Aufspannung auf die Magnetplatte ist auf eine gute Auflage zu achten, damit die Richtung der Lagerbohrungen rechtwinklig zur Plattenfläche erhalten bleibt. In ähnlicher Weise lassen sich die Räder schleifen. Hierauf wird die Mittelplatte um das Nachschleifmaß der Räder zurückgeschliffen und das Laufspiel mittels einer Meßuhr genau kontrolliert (Abb. 29). Das seitliche Laufspiel beträgt je nach Beanspruchung 0,02 mm bei Hochdruck- bis 0,06 mm bei Niederdruckpumpen. Schwieriger liegen die Verhältnisse bei ausgelaufenen Lagerstellen der Pumpenräder. Hier ist eine Nacharbeit selten möglich. Gleitlager lassen sich in der Regel nur durch Ausbüchsen instandsetzen. Hierbei ist aber größte Vorsicht geboten. Je nach dem Werkstoff sind verschiedene Lagerspiele notwendig. Bei einem zu engen Spiel läuft die Pumpe heiß und es treten wieder Anfressungen auf, zu große Lagerluft bringt ein Auslaufen des Zahnradgehäuses auf der Saugseite mit sich und damit Verschlechterung des Wirkungsgrades sowie die Aufnahme von Abriebteilen in den Ölkreislauf. In den meisten Fällen wird ein Lagerspiel von 0,03—0,04 mm richtig sein.

Selbstverständlich können auch die ausgelaufenen Teile einer Nadellagerung der Pumpenräder ersetzt werden.

Bei großem Verschleiß wird sich kaum eine eigene Instandsetzung lohnen, da meistens auch das Mittelteil — das Zahnradgehäuse — ausgelaufen und zu ersetzen ist. In diesem Fall ist die Beschaffung einer Ersatzpumpe das Gegebene. Da man mit dem Ausfall einer Druckölpumpe stets rechnen muß, empfiehlt sich un-

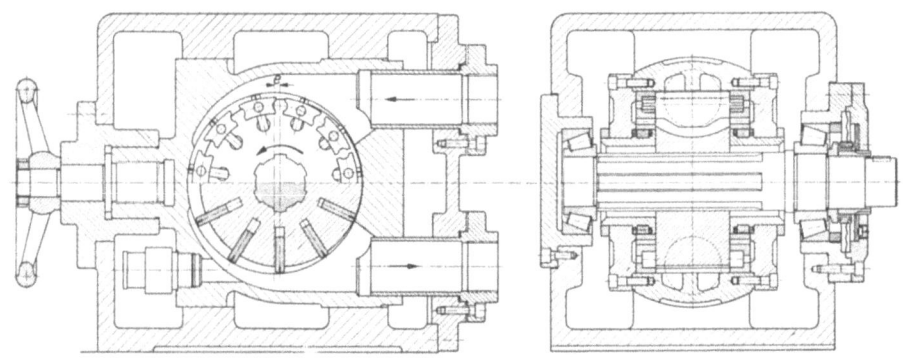

Abb. 30. FORST-ENOR-Pumpe im Schnitt. *e* exzentrische Einstellung des Gehäuses.

bedingt eine rechtzeitige Ersatzbestellung, insbesondere auch dann, wenn von der betreffenden Maschine andere wichtige Fertigungen abhängen.

4.2 Flügelpumpen. Die Flügel- oder Kapselpumpen zeichnen sich durch große Förderleistungen bei verhältnismäßig kleinen äußeren Abmessungen aus. Im Werkzeugmaschinenbau sind sie vor allem für den Schnittantrieb von Drehbänken, Hobel-, Stoß- und Räummaschinen hervorgetreten. Um der hohen Elastizität der Ölsäule in einem Zylinder zu begegnen, wird hier vorteilhaft mit niedrigen Drücken gearbeitet, was aber bei den hohen Schnittgeschwindigkeiten und Durchzugskräften sehr große Förderleistungen bedingt. Gebaut werden Flügelpumpen für Fördermengen von etwa 10 bis 2000 l/min und Drücken bis zu 25 atü.

4.21 Arbeitsweise einer Flügelpumpe mit äußerer Beaufschlagung (FORST-ENOR-Pumpe[1]). In einem Gehäuse (Abb. 30) dreht sich ein Rotor, der in radialen Schlitzen genau eingepaßte „Flügel" trägt. Auf den Stirnseiten der Flügel sitzen — auf Zapfen gelagert — Gleitsteine. Diese Gleitsteine führen sich in Laufringnuten, so daß die Flügel sich nicht unmittelbar an der Innenwand des Gehäuses abstützen. In den Flügeln führen sich dünne Stahllamellen, welche den

---
[1] Hersteller: Oswald Forst, Solingen.

Umfang in Kammern unterteilen und gleichzeitig die Abdichtung der einzelnen Kammer besorgen. Rotor und Gehäuse werden exzentrisch zueinander (e in Abb. 30) verstellt, so daß bei der Drehung des Rotors die Kammern sich zunächst vergrößern (Ansaugen) und hierauf wieder verkleinern (Abdrücken).

Durch zwei Mittelstege ist die Saug- und Druckzone voneinander getrennt. Die Stege müssen mindestens eine Kammerbreite überdecken. Stirnseitig wird der Rotor durch zwei Deckel so begrenzt, daß ein genügendes Laufspiel vorhanden ist. Die Förderleistung ist abhängig von der Größe der Exzentrizität. Läuft der Rotor konzentrisch ($e = 0$ in Abb. 30), so findet keine Veränderung der Zellenräume und damit keine Förderung statt. Bei Verstellung der Exzentrizität über die Nullage hinaus kehrt sich die Förderrichtung um. Ein besonderer Steuerschieber ist daher für die Umsteuerung der Drehrichtung nicht notwendig. Die Flügel werden in seitlichen Ringnuten geführt, wodurch ein Anpressen unter der Zentrifugalkraft am Umfang der Gehäusewand verhindert wird. Die notwendige Abdichtung der Flügel übernehmen dünne Dichtungsbänder, die durch schwache Blattfedern an die Gehäusewand angepreßt werden.

4.22 Behandlung und Prüfung der Flügelpumpen. Die rechteckigen Flügel werden durch den Öldruck einseitig belastet und müssen in den Rotorschlitzen hin- und hergleiten. Um ein Anfressen dieser hochbelasteten Teile zu vermeiden, muß auf eine gute Qualität des Druckmittels geachtet werden. Höhere Betriebstemperatur über 40° C und höhere Drücke verursachen eine Zunahme der Schlupfverluste, insbesondere wenn sich nach langer Betriebszeit das Spiel der einzelnen Elemente vergrößert hat. Eine Prüfung der Pumpe auf ihre Fördergenauigkeit kann ähnlich durchgeführt werden, wie bei Zahnradpumpen; meistens wird schon aus einem starken Abfall der Geschwindigkeit bei steigender Krafterzeugung auf den inneren Betriebszustand der Pumpe geschlossen werden können. Eine Selbstinstandsetzung ist nicht ratsam. Jede instandgesetzte Pumpe bedarf einer genauen Kontrolle und einer gewissen Einlaufzeit, die nur in den Werkstätten des Herstellers sachgemäß durchgeführt werden kann. Ausbesserungsbedürftige Pumpen sind daher an das Herstellwerk einzusenden. Rechtzeitige Ersatzbeschaffung ist stets wichtig, um einen längeren Ausfall der Maschinen zu vermeiden.

4.3 Kolbenpumpen mit mechanischem Antrieb. Die Kolbenpumpen beherrschen das Gebiet der Mittel- und Hochdruck-Hydraulik. Die zylindrischen Pumpenkolben können nicht nur sehr genau hergestellt sondern auch in der Führung so lang gewählt werden, daß eine sichere Abdichtung auf die Dauer in der Zylinderbohrung gewährleistet ist. Die Schlupfverluste entlang der Kolben sind daher äußerst gering. Hohe Arbeitsdrücke über 100—350 atü werden meistens nur kurzzeitig benötigt und in der Regel nur bei kleineren Förderleistungen, beispielsweise der hydraulischen Pressen. Für die hohen Drücke ist die radiale Bauweise besonders gut geeignet, während Pumpen mit axialer Kolbenanordnung im allgemeinen für größere Förderleistungen eingesetzt werden.

4.31 Arbeitsweise einer Radial-Kolbenpumpe nach THOMA[1]. Die Antriebswelle a (Abb. 31) treibt den Zylinderstern b über ein kardanisches Gelenk c an. Der Zylinderstern ist auf einem Verteilerzapfen d, der die Steuerung des An-

---
[1] Hersteller: Hanauer Pumpenfabrik, Hanau.

saug-Abdrückvorganges übernimmt, gelagert. Die Pumpenkolben e haben Kreuzköpfe f, welche beidseitig Rollen g tragen. Diese Rollen stützen sich in Ringnuten des Umlaufgehäuses h ab. Das Umlaufgehäuse läßt sich mittelst Handrad i aus der Mittellage exzentrisch verstellen, wodurch die Kolben beim Umlauf eine Hubbewegung ausführen müssen, die doppelt so groß ist wie die Exzentrizität. Im Verteilerzapfen sind Bohrungen untergebracht für die Ansaugleitung k und die Druckleitung l. Die sichere Führung der Pumpenkolben und die gute Aufnahme der Pumpenkräfte ermöglicht die Beherrschung höchster Arbeitsdrücke und eine Änderung der Fördermenge im großen Bereich.

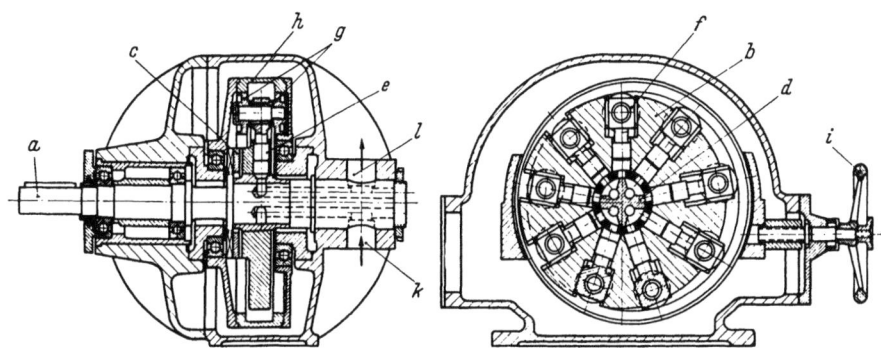

Abb. 31. THOMA-Radialkolbenpumpe im Schnitt. a Antriebswelle; b Zylinderstern; c kardanisches Gelenk; d Verteilerzapfen; e Pumpenkolben; f Kreuzkopf; g Rolle; h Umlaufgehäuse; i Handrad; k Ansaugeleitung; l Druckleitung.

Die Förderleistung einer solchen Pumpe beträgt, da Kolbenhub = 2 e

$$Q = \frac{\pi \, e \, n \, z \, d^2}{2 \cdot 1000} \text{ (l/min)},$$

worin d = Kolbendurchmesser in cm,
e = Exzentrizität in cm,
n = Umdr./min,
z = Anzahl der Kolben.

Beispiel einer Radialkolbenpumpe mittlerer Größe: $d = 2$ cm, $e = 0{,}8$ cm, $z = 9$, $n = 1500$ U/min.

$$Q = \frac{3{,}14 \cdot 0{,}8 \cdot 1500 \cdot 9 \cdot 2^2}{2 \cdot 1000} = 68 \text{ l/min}.$$

4.32 Behandlung und Prüfung der Radial-Kolbenpumpen. Eine empfindliche Stelle der Radialpumpen mit innerer Beaufschlagung ist das Laufspiel zwischen Verteilerzapfen und Büchse im Zylinderstern. Die in der Druckzone herrschenden Pumpendrücke belasten den Verteilerzapfen einseitig und vergrößern allmählich das Laufspiel. Eine Folge davon sind erhöhte Leckverluste der Büchse nach außen, sowie innere Schlupfverluste über die beiden Stege zwischen der Druck- und Saugzone. Entspricht die Pumpenförderung nicht mehr den Anforderungen, so wird wahrscheinlich eine Überholung des Verteilerzapfens (Nachschleifen) und eine Erneuerung der Laufbüchse im Zylinderstern notwendig sein. Sofern alle beweglichen Teile stets mit einwandfreiem Hydrauliköl geschmiert werden, ist eine Instandsetzung meistens erst nach sehr langer Betriebszeit erforderlich. Da dann in der Regel auch noch andere bewegliche Teile, wie Kardangelenk, Pumpenkolben,

Rollen, Kugellager usw. in Mitleidenschaft gezogen sind, wird eine Instandsetzung zweckmäßig dem Herstellerwerk überlassen.

Eine Prüfung der Pumpe auf ihre Förderleistung bzw. auf ihren inneren Zustand läßt sich nach dem im Abschnitt 4.12, S. 27, angegebenen Verfahren durchführen.

Verstellbare Radial-Kolbenpumpen lassen aber noch ein anderes, einfacheres Verfahren zu. Die Förderleistung wird mit dem Handrad i auf etwa $^1/_{10}$ der größten Fördermenge eingestellt. Fällt nun die Geschwindigkeit des mit dem geförderten Drucköl betriebenen Arbeitskolbens mit der Belastung stark ab oder steigt der Druck, insbesondere bei erwärmtem Öl nicht mehr bis zur geforderten Höhe an, so sind die Leck- und Schlupfverluste wahrscheinlich durch Verschleiß der Pumpe zu groß geworden, wenn die Verluste nicht in hinter der Pumpe liegenden Verbraucherstellen auftreten.

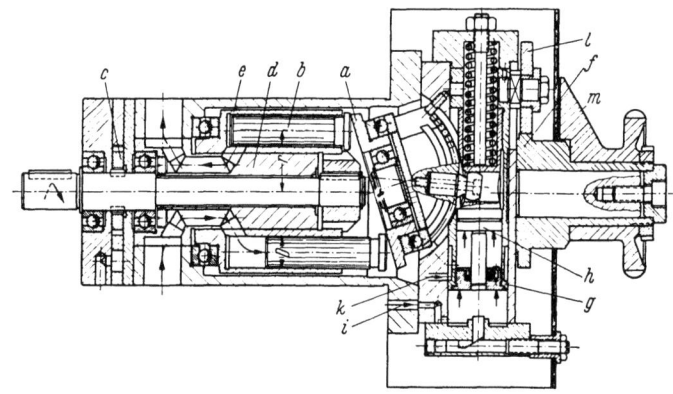

Abb. 32. Axialkolbenpumpe, Bauart HELLER. a umlaufende Schwenkscheibe; b Pilzkolben; c kleine Hilfspumpe; d stillstehender Verteilerzapfen; e Kolbentrommel; f Steuerkurve; g Verstellkolben; h federbelasteter Verstellkolben; i u. k Leitungen; l Rolle; m Zeiger.

4.33 Arbeitsweise einer Axial-Kolbenpumpe (Heller[1]). Während bei dem bekannten System mit *Schwenkrahmen* nach THOMA die Kolbentrommel in einem Winkel zur Antriebsachse geschwenkt und dadurch eine Kolbenbewegung, durch Kugelgelenke übertragen, erzeugt wird, besitzt die Axial-Kolbenpumpe Abb. 32, Bauart HELLER, eine umlaufende Schwenkscheibe a, an die sich die Pilzkolben b spielfrei anlegen. Um diese Anlage auch während der Ansaugperiode zu gewährleisten, wird mit einer kleinen Hilfspumpe c ein Druck von 2—4 atü in der Zuleitung erzeugt. Dies bedingt einen geschlossenen Kreislauf (vgl. Abb. 7, S. 12) des Drucköls. Ein stillstehender Verteilerzapfen d (ähnlich dem Verteilerzapfen bei Radial-Kolbenpumpen) steuert Zufluß und Abdrückung für die Zylinderräume der Kolbentrommel e.

Die Förderleistung einer solchen Pumpe beträgt, da Kolbenhub $= 2\,r\,\mathrm{tg}\,\alpha$,

$$Q = \frac{\pi\,r\,\mathrm{tg}\,\alpha\,n\,z\,D^2}{2 \cdot 1000} \text{ (1/min)},$$

worin $D =$ Kolbendurchmesser in cm,
$r =$ Kolbenkreis-Radius der Kolbentrommel in cm,
$\alpha =$ Schwenkwinkel,
$z =$ Anzahl der Kolben,
$n =$ Umdr./min.

---
[1] Hersteller: Gebr. *Heller* GmbH, Nürtingen.

Bisher kleinste Pumpe: $D = 0{,}8$ cm, $r = 2{,}9$ cm, $\alpha \leqq 18°$, $n = 1500$ U/min, $z = 9$,
$$Q = \frac{3{,}14 \cdot 2{,}9 \cdot \text{tg } 18° \cdot 1500 \cdot 9 \cdot 0{,}8^2}{2 \cdot 1000} = 12{,}8 \text{ l/min}.$$

Bisher größte Pumpe: $D = 2{,}5$ cm, $r = 6$ cm, $\alpha \leqq 20°$, $n = 1000$ U/min, $z = 11$,
$$Q = \frac{3{,}14 \cdot 6 \cdot \text{tg } 20° \cdot 1000 \cdot 11 \cdot 2{,}5^2}{2 \cdot 1000} = 235 \text{ l/min}.$$

Als Verstellpumpe für Vorschubantriebe eingesetzt, erfüllt sie mehrere Aufgaben, z. B. volle Förderleistung für die Eilbewegungen, mit Kurve f verstellte Ölmengen für die stufenlos veränderlichen Vorschübe; gegebenenfalls eine kleine Ölmenge für den Feinvorschub oder keinerlei Förderung in der Nullage für die Haltstellung. Gesteuert werden diese Vorgänge hydraulisch mittelst bewegtem Verstellkolben g, der in sich einen zweiten federbelasteten Kolben h trägt, in welchen die Schwenkeinrichtung eingreift. Durch Zuführung von Druckmittel über die Leitung i und k wird der Verstellkolben nach oben gegen die Feder verschoben und der größte Kolbenhub für die Eilgangmenge eingestellt. Durch Zufuhr von Druckmittel über die Leitung k und Abfluß von i kann die Federbelastung den Verstellkolben soweit nach unten bewegen, bis die Rolle l an der Steuerkurve f anliegt. Eine Verdrehung der Kurve mit dem Einstellzeiger m verändert auch die Schräglage der Schwenkscheibe entsprechend der gewünschten Vorschubgeschwindigkeit. Wenn beide Leitungen i und k an den Abfluß gelegt werden, verschiebt sich der Verstellkolben h unter der Federbelastung ganz nach unten gegen einen verstellbaren Anschlag, der entweder die Nullage begrenzt oder, in eine höhere Stellung gebracht, eine ganz kleine Förderleistung der Pumpe einstellt, die für einen Feinvorschub zur Erzielung einer genauen Haltstellung (Positionierung) erforderlich ist.

4.34 Behandlung und Prüfung einer Axial-Kolbenpumpe. Von ausschlaggebender Bedeutung für die Genauigkeit der Förderung und damit für die eingestellte Vorschubgeschwindigkeit ist eine möglichst verlustfreie Steuerung des Pumpenvorganges durch die Kanäle im Verteilerzylinder. Ungeeignetes, verschmutztes und durch feine Abriebteile durchsetztes Hydrauliköl kann die dichtenden Gleitflächen des Zylinders, insbesondere der beiden Stege zwischen der Druck- und Saugzone beeinträchtigen. Es entstehen Riefen und Rillen, auch in der Bohrung der umlaufenden Kolbentrommel, durch die erhöhte Schlupfverluste auftreten. Wird die Pumpe auf kleine Förderung eingestellt, so kann sich der Anteil der Verluste sehr stark bemerkbar machen. Die eingestellte, geeichte Vorschubgröße bleibt bei Belastung nicht mehr gleich, sondern fällt ab. Weiter zeigen sich Temperatureinflüsse. Im Laufe der Betriebszeit tritt mit zunehmender Temperatur, d. h. fallender Viskosität, eine Vergrößerung der Verluste ein. Die eingestellte Vorschubgröße ist also nicht nur druckabhängig, sondern auch temperaturabhängig. Nehmen diese Erscheinungen unerträgliche Formen an, so wird die Pumpe am besten zur Überholung an das Lieferwerk eingesandt. (Vgl. auch Abschn. 4.12, S. 27.) Ausbau der Pumpe siehe Abschn. 10.4, S. 49.

Ungeeignete Hydrauliköle, Vermischung verschiedenartiger Ölsorten, Zusätze usw. sind die Ursachen einer Verharzung der beweglichen Pumpenteile. Es kann vorkommen, daß nach einer längeren Betriebspause die Pumpen- und Steuerkolben festsitzen, also keinerlei Förderung mehr vorhanden ist. Die Kolbentrommel läßt

34   Behandlung und Prüfung der Drucköllpumpen.

sich nach Abnahme des Steuerkopfes und Entfernung des Seegerringes nach vorne leicht ausbauen. Hierauf werden die Kolben wieder vorsichtig gangbar gemacht, bzw. die Verharzungen durch Lösungsmittel entfernt.

Möglichkeiten und Beseitigung weiterer Betriebsstörungen siehe Abschnitt 11, S. 50.

4.4 Kolbenpumpe mit hydraulischer Kolbenbewegung. An Stelle eines mechanischen Antriebes der Pumpenkolben mittels Exzenter oder Schwenkung kann auch der Drucköllstrom einer gleichmäßig fördernden Zahnradpumpe zum Antrieb der Kolben benützt werden. Die Hin- und Herbewegung der Kolben, die als sog. Freiflugkolben arbeiten, erfolgt dann nicht mehr nach einer Sinuslinie, sondern entsprechend der zugeführten Treibölmenge. Die Arbeitsweise der Kolben ist in der Regel doppeltwirkend. Für eine hohe Druckübersetzung werden doppelt wirkende Differentialkolben verwendet. Je nach dem Kolbenflächenverhältnis und dem Druck der Treibpumpe lassen sich höchste Arbeitsdrücke (300 atü und mehr) bei einer Fördermenge von 5 bis 250 l/min erzeugen[1]. Auch für verstellbare Pumpen hat sich der hydraulische Kolbenantrieb durchgesetzt, insbesondere für kleinere Förderleistungen. Das Pumpenvolumen wird durch veränderliche Anschläge eingestellt, während die Umdrehungszahl der Steuerwelle die minutliche Menge bestimmt.

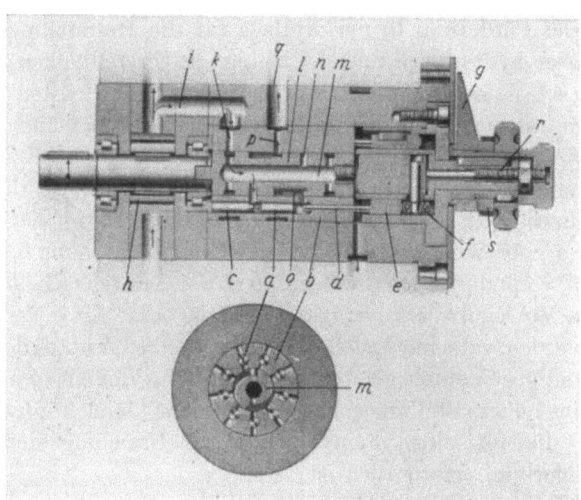

Abb. 33. Hydromatische Vorschubpumpe, Bauart *Heller*. a Kolben; b Zylindergehäuse; c feste Anschläge; d verstellbare Anschläge; e Steuerkurve; f Rolle; g Zeiger; h Zahnradpumpe; i Druckleitung der Zahnradpumpe; k Bohrung; l Steuerwelle; m Zentralbohrung; n Querbohrung; o Nuten; p Bohrung; q Druckleitung; r Korrekturschraube; s Gegenmutter.

4.41 Arbeitsweise der *Heller*-hydromatischen Vorschubpumpe[2]. Drei, fünf oder neun zylindrische Kolben a (Abb. 33) sind im Kreis in einem fest-

---

[1] Für Arbeitsdrücke bis höchstens 30 atü werden auch *pneumatisch-hydraulische* Pumpensysteme gebaut, wie sie z. B. von der Firma SKF und von der Firma Drumag GmbH., Säckingen, entwickelt worden sind. Die Flüssigkeitsentnahme wird nach dem Drosselsystem verstellt. Der Flüssigkeitsdruck wird statisch mit Hilfe von Preßluft erzeugt, er beträgt bei dem System der Firma SKF, das von der Firma Hofors Stahl GmbH, Düsseldorf, verkauft wird, 7 atü und kann durch einen besonderen Druckübersetzer erhöht werden. Der Vorteil dieses Systems ist nach Angabe der Firma die schwingungsfreie Förderung und das Gleichhalten der Öltemperatur, da nur geringe Reibungsarbeit auftritt und zudem noch die expandierende Luft kühlend wirkt. Der Verbrauch an Preßluft ist gleich dem Volumen der geförderten Flüssigkeit. Diese Steuerungen werden in der Hauptsache für Arbeiten mit gleichförmiger Belastung und niederen Drücken geeignet sein, damit die Nachteile der Drosselregelung möglichst klein bleiben [35, 36].

[2] Hersteller: Gebr. *Heller* GmbH, Nürtingen.

stehenden Zylindergehäuse b angeordnet und werden in ihrer axialen Hubbewegung durch die festen Anschläge c und die verstellbaren Anschläge d begrenzt. Die Anschlagverstellung geschieht durch eine Kurve e, Rolle f und Zeiger g. Das Drucköl der Zahnradpumpe h strömt aus der Druckleitung i durch die Bohrungen k in die Steuerwelle l, die mit der Antriebswelle der Zahnradpumpe gekuppelt ist. Von der zentralen Bohrung m kann das Drucköl durch wechselseitige Bohrungen n vor oder hinter die Kolben strömen und die Kolben hin- und hertreiben. Die vom Kolben verdrängte Menge, die eigentliche Fördermenge der Verstellpumpe, wird durch Nuten o und p in die Druckleitung q abgeführt. Der höchste Druck in der Leitung entspricht etwa dem Druck der Zahnradpumpe. Wenn dieser Druck erreicht oder die Leitung q abgeschlossen wird, kommt die Kolbenbewegung zum Stillstand, ein besonderes Sicherheitsventil erübrigt sich. Derartige Pumpen können in einfacher Weise auch für mehrere getrennt verstellbare Mengen gebaut werden. In einer zylindrischen Pumpeneinheit lassen sich bis zu 6 Verstelleinrichtungen unterbringen. Für kleinere Förderleistungen genügt oft ein doppeltwirkender Kolben oder die Zusammenfassung von drei Kolben. Für größere Leistungen werden zwei oder mehrere Steuerwellen mit je einem getrennten Kolbenkreis vorgesehen. Der Betriebsdruck dieser Pumpenart beträgt bis 35 atü.

4.42 **Behandlung und Prüfung der hydromatischen Vorschubpumpen.** Um eine möglichst geräuscharme Kolbenbewegung zu erreichen, wird das Druckgefälle zwischen den Leitungen i und q durch ein Differential-Druckventil gleich gehalten (etwa 3—5 atü). Die richtige Höhe dieses Druckes ist äußerst wichtig für die genaue, zuverlässige Förderung. Bei einem zu kleinen Druckunterschied kann es vorkommen, daß die Kolben nicht mehr den vollen Kolbenhub zwischen den Anschlägen ausführen oder völlig stehen bleiben. Ein zu hoher Druck macht sich durch ein klopfendes Geräusch bemerkbar. Die Kolben schlagen mit voller Geschwindigkeit auf die Anschläge, was nicht notwendig ist. Ist für einen Bewegungsvorgang der Vorschubdruck nicht ausreichend, so kann nur durch die Erhöhung des Arbeitsdruckes der Zahnradpumpe auch eine Drucksteigerung erzielt werden.

Mit einer Korrekturschraube r läßt sich die Kurve e zusätzlich axial verstellen. Eine Korrektur ist z. B. notwendig, wenn sich die Pumpe nicht mehr auf kleinste Mengen bzw. Nullförderung verstellen läßt. Nach langer Betriebszeit können sich die Anschläge c und d etwas verändert haben und muß eine Korrektur durch Eindrehen der Schraube durchgeführt werden. Wichtig ist dabei, daß die Rolle f in der tiefsten Stelle der Kurve e anliegt. Stimmen die tatsächlichen Vorschübe nicht mit den Werten des Geschwindigkeitsschildes überein, so wird die Klemmung des Zeigers g gelöst (Nutmutter s) und der Zeiger auf den geeichten Wert eingestellt. Vor dieser Berichtigung ist aber stets eine Korrektur der Nullage durchzuführen. Durch lange Betriebszeit, Schmutz und Verunreinigungen im Hydrauliköl kann sich die umlaufende Steuerwelle l abnutzen. Eine zuverlässige Abdichtung zwischen den einzelnen Druckstufen ist dann nicht mehr gewährleistet. Selbst bei dem vorhandenen kleinen Druckgefälle zwischen Arbeitspumpe und Regelpumpe kann zusätzliches Drucköl in die Vorschubleitung übertreten und eine Erhöhung der Geschwindigkeit bewirken. In diesem Fall ist der Einbau einer neuen Steuerwelle oder eine völlige Überholung der Pumpe erforderlich.

5. Behandlung und Prüfung der Hydraulikmotoren und Umlaufgetriebe.

Hydraulische Motoren für die Erzeugung umlaufender Drehbewegungen sind im allgemeinen ähnlich gebaut wie die vorbeschriebenen Druckölpumpen. Mit Ausnahme hydromatischer Pumpen lassen sich die Zahnrad-, Flügel- und Kolbenpumpen umgekehrt auch als Motoren verwenden. Dementsprechend gelten die über Pumpen gemachten Ausführungen im wesentlichen auch für Motoren.

5.1 Zahnradmotoren. Der Einsatz von Zahnradmotoren ist im Gegensatz zu Zahnradpumpen trotz der einfachen Bauweise außerordentlich spärlich. Man findet sie gelegentlich an Verkehrsfahrzeugen als Antriebsmotoren für hochtourige Lüfter mit Leistungen von 5 bis 10 PS bei Drehzahlen von $n = 2000$ bis 3000 U/min, Mindestdrehzahl $= 300$ bis 500 U/min. An Werkzeugmaschinen sind sie bis heute kaum verwendet worden. Die Gründe liegen einmal im ungünstigen Wirkungsgrad, der selten über 70% liegt und in unzulässigen Schlupfverlusten (über 10%), die sich bei kleineren Umdrehungszahlen anteilmäßig durch starken Drehzahlabfall bemerkbar machen. Zahnradmotoren müssen eine einwandfreie Verzahnung aufweisen und möglichst gehärtete und geschliffene Zahnräder besitzen. Die Entlastungsnute ist sorgfältig anzubringen (vgl. Abschn. 4.11, S. 26) und zwar in der Verdrängerseite (Abfluß), sofern der Motor nur in einer Drehrichtung läuft. Für Zweiradmotoren berechnet sich mit den Bezeichnungen aus Abschn. 4.12 angenähert die

Schluckmenge
$$Q = \frac{\pi d_t 2 m B n}{1000} \text{ (l/min)} .$$

Das *Drehmoment* M_d des Motors kann man aus der Schluckmenge oder auch unmittelbar berechnen. Bezeichnet p den Arbeitsdruck in kg/cm² und η den Wirkungsgrad (praktisch ungefähr $= 0{,}5$—$0{,}7$), so erhält man aus der Schluckmenge Q (spez. Gew. ≈ 1) die Leistung

$$N_e = \frac{Q}{60} 10\, p\, \eta \text{ (mkg/s)} ,$$

die gleich der mechanisch abgegebenen Leistung

$$N_e = \frac{M_d\, 2\, \pi\, n}{60} \text{ (mkg/s)}$$

sein muß. Durch Gleichsetzung ergibt sich

$$M_d = \frac{5}{\pi} \frac{Q\, p}{n} \eta \approx \frac{1{,}6\, Q\, p}{n} \eta \text{ (mkg)} .$$

Will man M_d unmittelbar berechnen, so muß man bedenken, daß der Öldruck auf der Druckseite auf 3 Zahnflächen lastet, deren mittlere beiden Zahnrädern angehört. 2 Zahnflächen davon wirken einander entgegen, ihre Druckbelastungen heben sich auf. Somit wird das Drehmoment durch den Öldruck auf eine Zahnfläche erzeugt. Ihre Größe ist, wenn man Zahnkopf $=$ Zahnfuß $= m$ cm annimmt, bei der Radbreite B cm gleich $2\, B\, m$ cm². Das Drehmoment wird mit $d_t =$ Teilkreisdurchmesser in cm

$$M_d = \frac{2\, B\, m\, p}{100} \frac{d_t}{2} \eta = \frac{B\, m\, p\, d_t}{100} \eta \text{ (mkg)} .$$

Die beiden Ausdrücke für M_d haben dasselbe Ergebnis. Setzt man sie zur Kontrolle einander gleich und berechnet daraus die Schluckmenge Q, so erhält man den oben angegebenen Ausdruck für Q.

5.2 Flügelmotoren. Gegenüber den Zahnradmotoren haben Flügelmotoren ganz wesentlich größere Arbeitsräume und günstigere Strömungsverhältnisse. In der Praxis haben sich vor allem zwei Systeme bewährt, die im allgemeinen als hydraulische Umlaufgetriebe — aus Pumpe und Motor bestehend — arbeiten, das ENOR-Getriebe, gekennzeichnet durch die äußere Beaufschlagung des Umlaufkörpers (Rotors) mit den darin eingepaßten Flügeln (vgl. Abschn. 4.21, S. 29), und das STURM-Getriebe, gekennzeichnet durch die innere Beaufschlagung. Als Beispiel für diese Getriebe sei hier das *Böhringer*-STURM-Getriebe zugrunde gelegt, das für Übertragungsleistungen bis zu 40 PS gebaut wird.

Abb. 34. *Böhringer*-STURM-Getriebe im Schnitt.

5.21 Arbeitsweise eines *Böhringer*-STURM-Getriebes[1]. Pumpe und Ölmotor sind nebeneinander in einem Gehäuse untergebracht, wobei, wie in Abb. 34, der Motor sehr oft eine größere Abmessung, also einen größeren Arbeitsraum aufweist als die Pumpe. Zur Verminderung der Flügelreibung besitzt sowohl die Pumpe als auch der Motor ein umlaufendes Gehäuse. Dies bedingt eine Zuführung des Drucköles von innen her, ähnlich wie bei Kolbenpumpen. Der feststehende Verteilerzapfen ist in der Mitte des Getriebes gehalten und hat in sich Bohrungen, welche die Pumpe (links) unmittelbar mit dem Motor (rechts) verbinden. Die Umlaufgehäuse sind beidseitig in Kugellagern gelagert und können mittels Handrad oder Hebel exzentrisch verstellt werden.

Eine stufenlose Drehzahlverstellung [25] läßt sich auf drei Arten durchführen zwar als

a) *Pumpen- oder Primärverstellung*: der Motor überträgt ein bei der Drehzahländerung gleichbleibendes Drehmoment;

b) *Motor- oder Sekundärverstellung*: am Motor wird eine gleichbleibende Leistung abgegeben, das Drehmoment steht im umgekehrten Verhältnis zur Drehzahl;

c) *Verbundverstellung* von Pumpe und Motor gleichzeitig oder nacheinander, wodurch größere Drehzahlbereiche und für die Praxis günstige Verhältnisse erreicht werden.

---

[1] Hersteller: Gebr. *Böhringer*, Göppingen.

Das Getriebe besitzt eine wirksame Luftkühlung. Die Kühlluft wird durch einen auf der Antriebswelle befestigten Lüfter am Gehäuseumfang entlang nach der Abtriebsseite gedrückt, teilweise in Röhren durch den Ölvorratsbehälter.

5.22 Behandlung und Prüfung eines Umlaufgetriebes. Zu einer sachgemäßen Behandlung der Umlaufgetriebe mit Flügelzellen gehört vor allem ein rechtzeitiger Ölwechsel und die Verwendung der vorgeschriebenen Ölsorten. Die hohen einseitigen Belastungskräfte auf die Flügel erfordern nämlich ein äußerst druckfestes Öl, gleichzeitig ist bei den schwierigen Abdichtungsverhältnissen eine gewisse Viskosität notwendig. Zu dickflüssiges Drucköl verursacht Strömungswiderstände und höhere Betriebstemperaturen. Bei diesen widersprechenden Forderungen erzielen nur die vom Hersteller als zweckgünstig festgestellten Hydraulik-

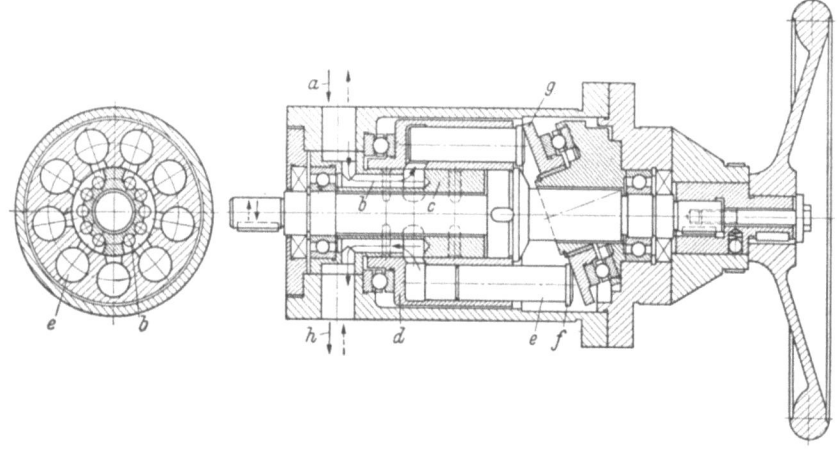

Abb. 35. Schnitt durch einen Hydraulik-Axialkolbenmotor für Vorschubzwecke. Durchlaufende Antriebswelle für Skalenscheibe und Handrad. *a* Zufuhrleitung; *b* Bohrungen; *c* Verteilerzapfen; *d* Kolbentrommel; *e* Kolben; *f* pilzförmige Kolbenköpfe; *g* schrägstellbare Druckscheibe; *h* Abflußleitung.

öle gute Ergebnisse. Auch für die Behandlung und Wartung werden am besten die Anleitungen des Lieferwerkes beachtet. Wichtig ist die Einhaltung der zulässigen Arbeitsdrücke, denn jede Überschreitung des Höchstdruckes wirkt sich nachteilig auf die Lebensdauer des Getriebes aus.

Eine Überprüfung des inneren Betriebszustandes ist nach der Pumpen- und Motorseite möglich. Im ersten Fall wird der volleingestellte Motor bei kleiner Abtriebszahl, also kleinerer Pumpenförderung für z.B. 1:10 der Höchstdrehzahl, mit dem zulässigen Drehmoment belastet, im letzten Fall bei höchster Motordrehzahl, also voller Pumpenförderung, auf Leistung gegangen. Fällt dabei die Drehzahl mehr als 15 bis 20% ab, so wird in der Regel eine sachgemäße Überholung im Herstellerwerk ratsam sein.

5.3 Axial-Kolbenmotore. 5.31. Arbeitsweise des *Heller*-Hydraulikmotors. Einen Hydraulikmotor für Vorschubantriebe und ähnliche Zwecke zeigt Abb. 35. Das Drucköl wird von der Zuführleitung *a* und niederen kleinen Bohrungen *b* im Verteilerzapfen *c* den Zylinderräumen der Kolbentrommel *d* zugeführt, und beaufschlagt die 9 Kolben *e*. Die Kolben stützen sich mit ihren pilzförmigen Köpfen f auf einer mit umlaufenden Schrägscheibe g ab. Unter den Kolbenkräften setzt eine Drehbewegung ein, d. h. die Kolben wandern von der höchsten Stelle der Schrägscheibe entlang der Neigung nach dem tiefsten Punkt. Dabei findet eine Hubbewegung statt und wird Drucköl aufgenommen. Auf der anderen Seite der Schrägscheibe kehrt sich der Vorgang um, die Kolben führen eine rückläufige Hubbewegung aus und verdrängen dabei Öl in die Abflußleitung h. Gesteuert wird der Vorgang durch den Verteilerzapfen, der gegenüber der höchsten und tiefsten Stellung der Schrägscheibe, im sog. Totpunkt, Trennungsstege für die Kammern ,,Zuleitung — Ableitung'' aufweist.

Bezeichnet man die Anzahl der Pumpenkolben mit z und ihren Durchmesser mit d in cm, so ist die *Schluckmenge*

$$Q = \frac{\pi\, r\, \mathrm{tg}\, \alpha\, n\, z\, d^2}{2 \cdot 1000} \text{ (l/min)},$$

worin r = Kolbenkreis-Radius der Kolbentrommel in cm,
  α = Schwenkwinkel.

Das *Drehmoment* (Drehkraft) entsteht aus der Kraftwirkung der Arbeitskolben auf die unter dem Schwenkwinkel α schräg gestellte Fläche. Es läßt sich folgendermaßen berechnen: Die Arbeit der Kolben bei einer Umdrehung des Motors ist

$$A = \frac{d^2\, \pi}{4}\, p\, \frac{2\, r\, \mathrm{tg}\, \alpha\, z}{100}\, \eta \text{ (kgm)}.$$

Die an der Motorwelle abgegebene Arbeit bei einer Umdrehung ist

$$A = M_d\, 2\, \pi \text{ kgm}$$

Beide müssen einander gleich sein, also ist

$$M_d = \frac{d^2}{4}\, p\, \frac{z\, r\, \mathrm{tg}\, \alpha}{100}\, \eta \text{ (mkg)}.$$

Als *Beispiel* sei ein *Heller*-Axialmotor mit folgenden Abmessungen durchgerechnet: $r = 3{,}9$ cm, $n = 1000$ U/min, $z = 9$, $d = 2{,}2$ cm, $\alpha = 20°$, $p = 40$ atü.

$$\text{Schluckmenge } Q = \frac{3{,}14 \cdot 3{,}9 \cdot \mathrm{tg}\, 20° \cdot 1000 \cdot 9 \cdot 2{,}2^2}{2 \cdot 1000} = 97 \text{ l/min}.$$

$$\text{Drehmoment } M_d = \frac{2{,}2^2}{4} \cdot 40 \cdot \frac{9 \cdot 3{,}9\ \mathrm{tg}\, 20°}{100}\, \eta = 6{,}2\, \eta \text{ kgm}.$$

Die mit diesem Drehmoment bei $n = 1000$ U/min abgegebene Leistung beträgt

$$N = \frac{M_d\, 2\, \pi\, n}{60 \cdot 75} = \frac{M_d\, n}{716{,}2} = \frac{6{,}2 \cdot 1000}{716{,}2}\, \eta = 8{,}7\, \eta \text{ PS}.$$

Der *Wirkungsgrad* der ölhydraulischen Getriebe hängt im besonderen Maße von der Viskosität des Hydrauliköles ab. Außerdem ist noch zu unterscheiden zwischen Wirkungsgrad des Hydraulikmotors allein und demjenigen des ganzen aus Pumpe und Motor bestehenden Getriebes. Unter günstigen Verhältnissen kann man etwa mit folgenden Wirkungsgraden rechnen: ENOR-Getriebe (Pumpe + Motor) 60 bis 70, STURM-Getriebe (Pumpe + Motor) 70 bis 80, Kolbengetriebe (Pumpe + Motor) 80 bis 90.

5.32 Behandlung und Prüfung eines Hydraulikmotors. Alle Hydraulikmotoren lassen sich im Gegensatz zu Elektromotoren ohne jede Gefahr bis zum Stillstand abbremsen, sofern hierbei der zulässige Höchstdruck der Pumpe durch ein Sicherheitsventil begrenzt wird. Diese besondere Eigenschaft in Verbindung mit dem großen Drehzahlbereich und dem raschen Drehrichtungswechsel ermöglichen eine vielseitige Verwendung für Vorschubzwecke. Während elektrische Antriebe über ein $2-2\frac{1}{2}$ faches Motor-Kippmoment verfügen und dadurch zeitlich begrenzte Überlastungen durchstehen, liegen die Verhältnisse bei hydraulischen Antrieben meistens insofern anders, als bei geringster Überlastung des Hydraulikmotors die Drehzahl abfällt, bzw. der Motor zum Stillstand kommt. Es ist zu beachten, daß eine ungenügende Schmierung der Schlittenführungen, zu dicht eingestellte Führungsleisten oder sonstige erhöhte Reibungsverhältnisse der anzutreibenden Maschine ein Anlaufen des Hydraulikmotors verhindern können. In allen diesen Fällen ist zunächst der Arbeitsdruck zu überprüfen. Mit dem Handrad oder der Kurbel unterstützt, lassen sich schwergängige Stellen leicht feststellen. Wenn eine Erhöhung des Arbeitsdruckes nicht zulässig ist, muß der frühere Betriebszustand wieder hergestellt werden, bzw. ist der Einbau stärkerer Motoren oder anderer Getriebe-Untersetzungen in Erwägung zu ziehen. Unruhige und ruckweise Bewegungen, insbesondere bei kleinen Umdrehungszahlen haben sehr oft ihre Ursache im mechanischen Teil der Maschine. Diese Erscheinung kann durch geeignete Schmieröle für Gleitbahnen beseitigt werden. Die bekannten Ölfirmen haben hierfür spezielle Öle entwickelt. Langsame Bewegungen im Grenzgebiet zwischen Reibung der Ruhe und Bewegung sind dann gefährlich, wenn gleichzeitig das volle Drehmoment des Hydraulikmotors benötigt wird. Wenn irgend möglich, ist stets ein kleiner Gegenhaltedruck in der Abflußleitung des Motors von Vorteil, oder in schwierigen Fällen eine Steuerung des abfließenden Öles mittels Hemmpumpe. Die Genauigkeit und sichere Beherrschung der Umdrehungszahlen über den ganzen Bereich setzt eine höchste Präzision aller Teile voraus. Kolben und Verteilerzapfen sind dem Verschleiß ausgesetzt, der sich im unteren Bereich durch Drehzahlabfall und Temperaturempfindlichkeit bemerkbar machen kann. Die Verwendung eines zähflüssigeren Öls, vor allem an heißen Sommertagen, oder eine wirksame Kühlung wirkt diesen Erscheinungen entgegen und erhöht die Betriebsdauer der hydraulischen Elemente. Für die Prüfung des Betriebszustandes vgl. Abschn. 5.22, S. 38.

6. Behandlung und Prüfung der Ventile.

In jedem hydraulischen Kreislauf werden ein oder mehrere Ventile für die verschiedensten Zwecke verwendet. Eine zuverlässige Arbeitsweise dieser einfachen Elemente ist von größter Bedeutung für die Betriebssicherheit der Hydraulik [22]. Das eigentliche bewegliche Ventil, als Kugel, Kegel, Kolben oder Schieber ausgebildet, wird in den allermeisten Fällen mittels Federdruck belastet. Es gibt aber auch öldruckbelastete Ventile; äußerst selten ist eine Gewichtsbelastung. Hydraulische Ventile arbeiten, wenn sie sorgfältig eingebaut werden, äußerst betriebssicher und bedürfen keinerlei Wartung. Der Verschleiß ist im allgemeinen unwesentlich. Messungen nach mehreren Millionen von Schaltungen haben keine nennenswerte Abnützung gezeigt.

6.1 Kugel- und Sitzventile. Federbelastete Kugelventile haben sich nur für untergeordnete Zwecke und für geringe Drücke (1 bis 2 atü), beispielsweise als Abfluß- und Rückschlagventil gegen Leerlaufen der Rohrleitungen, bewährt.

Die Ventilkugel, in der Regel eine Stahlkugel (Lagerkugel) wird mit der Ventilfeder gegen den Ventilsitz gepreßt. Bei starker Beanspruchung schlägt sich der Ventilsitz in die Kugel ein. Verdreht sich dann die frei bewegliche Kugel etwas, was leicht vorkommen kann, so ist eine zuverlässige Abdichtung nicht mehr gewährleistet. Federbelastete Sitz- oder Tellerventile mit axial geführtem Ventilkegel arbeiten in dieser Hinsicht zuverlässiger. Sie haben bei kleinem Ventilhub eine große Durchflußöffnung. Es ist aber notwendig, daß der Ventilhub durch festen Anschlag begrenzt wird, um die Feder zu entlasten und ein Vibrieren der Ventile zu verhindern.

Nachteilig ist aber auch hier, daß sich leicht Fremdkörper und Verunreinigungen des Öles unter den Ventilsitz klemmen und den sicheren Schließvorgang verhindern. Außerdem neigen Sitzventile leicht zu Schwingungen, die sich in einem starken Ventilgeräusch bemerkbar machen.

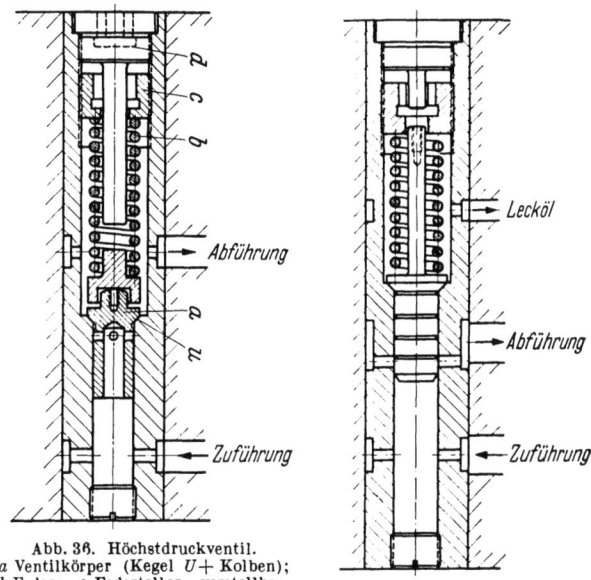

Abb. 36. Höchstdruckventil.
a Ventilkörper (Kegel *U* + Kolben);
b Feder; *c* Federteller, verstellbar,
d Verschlußschraube.

Abb. 37. Vorspannventil.

6.2 Kolbenventile. Das Kolbenventil mit radialen Bohrungen im federbelasteten Ventilkörper *a* nach Abb. 36 oder in der Ventilbüchse nach Abb. 37 hat sich in der Praxis bestens bewährt. Der zylindrische Teil gibt dem Ventil eine genaue Führung. Der Kegelsitz dient als Anschlag und verhindert bei stark schlagender Beanspruchung ein Klemmen des Ventilkolbens, im Gegensatz zum rechtwinkligen Anschlag, der beim Aufschlagen sehr leicht eine Verengung der Ventilbüchse verursacht.

Der Ventilkolben muß sich in der Bohrung spielfrei und saugend führen. Ein zu großes Laufspiel beeinträchtigt die zuverlässige Arbeitsweise. Im Falle eines *Vorspannventils* nach Abb. 37 treten trotz geschlossenen Ventiles kleine Ölmengen aus der vorgespannten Druckleitung in die Abführleitung über und bewirken eine vorzeitige Betätigung, wenn auch mit gedrosselter Geschwindigkeit. Unruhiges und geräuschvolles Arbeiten sind sehr oft die Folgen zu großen Spiels bei *Höchstdruckventilen* nach Abb. 36 u. 37. Ein allmähliches Öffnen des Kolbenventils, d. h. die Drosselung des Ölstroms über einen größeren Ventilweg mittels verlaufender Nuten bzw. leicht kegligem Anschliff (10—15°) beseitigt Ventilschwingungen und Ventilgeräusche. In besonderen Fällen muß die Ventilfeder durch eine etwas stärkere Feder ersetzt werden, um die Ventilgeräusche ganz zu beseitigen.

Festsitzende Ventilkolben (durch Anfressungen, Verharzungen, Klemmungen) werden mittels Abzugsgewinde nach vorne ausgebaut. Gegebenenfalls muß der

Ausbau von hinten nach Abnahme der Verschlußschraube mittels Hammer und Stift unterstützt werden. Kleine Freßstellen in der Ventilbohrung oder am Ventilkolben muß man vorsichtig durch Läppen mit einem Läppdorn oder einer Läppbüchse (Abb. 38 u. 39) beseitigen. Bei größeren Beschädigungen wird man Ersatzventile einbauen und die Bohrung mit einer Reibahle ausreiben. Plötzliche Druckölstöße mit hoher Massenbeschleunigung des Ventilkolbens gefährden die Ventilfeder. Federbrüche lassen sich mit einer starren Begrenzung des Ventilhubes vermindern. Den Hubanschlag darf man aber keinesfalls mit der Einstellschraube verbinden, wie es oft der Fall ist, da eine Drucknachstellung dann unter Umständen das volle Öffnen des Ventils verhindert. Jede starre Drosselung des Ölstromes führt je nach den Betriebstemperaturen des Drucköles zu stark veränder-

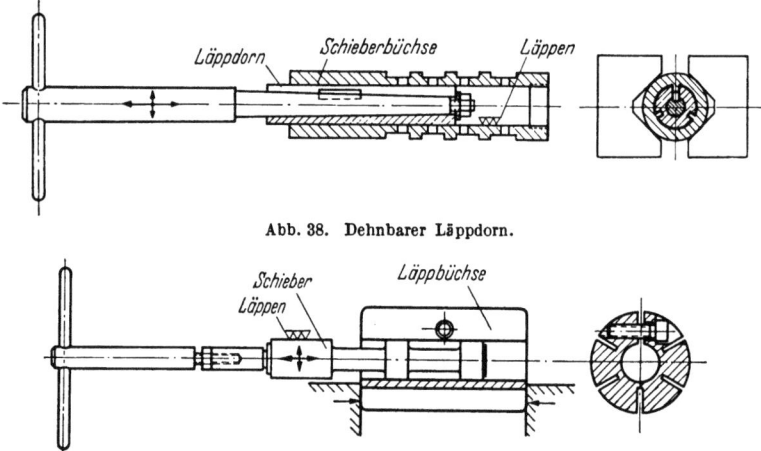

Abb. 38. Dehnbarer Läppdorn.

Abb. 39. Nachstellbare Läppbuchse.

lichen, oft unzulässig hohen Pumpendrücken. Ein Anschlag an der Verschlußschraube (vgl. Abb. 36 u. 37) gewährleistet dagegen unabhängig von der Federeinstellung den vorgeschriebenen Ventilhub.

6.3 Druckeinstellung und Druckmessung. Von ausschlaggebender Bedeutung für die Betriebssicherheit einer hydraulischen Maschine ist die richtige Höhe des Öldruckes. Für jede Kontrolle und Druckeinstellung sind daher genau anzeigende Manometer[28] zu verwenden, die für den gewünschten Druckbereich geeignet sind. Bei Dauer-Druckanzeige soll nur etwa der halbe Druckanzeigebereich ausgenützt werden. Allgemein ist es üblich, dem Manometer zur Schonung eine Druckdämpfung vorzubauen. Hierzu werden sehr oft kleine Düsen im Manometeranschluß eingebaut; erfahrungsgemäß verstopfen sie sich sehr leicht. Geeigneter ist die Vorschaltung einer enggewickelten Dämpfungsspirale aus dünnem Stahlrohr von 4 mm Außendurchmesser mit 20—30 Windungen. Richtiger ist aber stets nach erfolgter Druckmessung die Abschaltung des Manometers. Das Manometer zeigt also nur solange den Druck an, wie der Abschaltschieber von Hand durchgedrückt ist. Während der anderen Betriebszeit ist das Manometer nicht belastet.

Wenn aber aus Überwachungsgründen (z. B. Beobachtung der Werkstückspannung) eine Dauer-Druckanzeige erforderlich ist, hat sich auch ein Manometer-

Druckeinstellung und Druckmessung. 43

schutz nach Abbildung 40 bewährt. Durch die Querbohrung in der Einschraubdüse kann sich der Druckstoß nicht unmittelbar und nicht mit voller Stärke auf die empfindlichen Teile des Manometers auswirken. Trotzdem ist eine sehr genaue Druckanzeigung gewährleistet, jedenfalls ist eine Verschmutzung, wie sie bei engen Düsen auftritt, kaum möglich.

Sind mehrere Ventile hintereinander geschaltet — ähnlich Abb. 41 — so ist an jede Druckleitung ein Kontrollmanometer anzuschließen, wenn die Drücke in

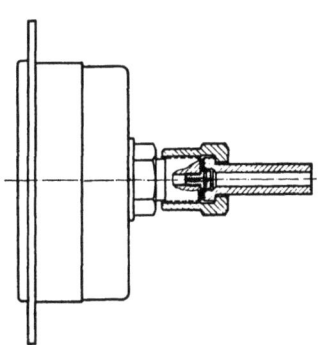
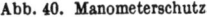

Abb. 40. Manometerschutz.

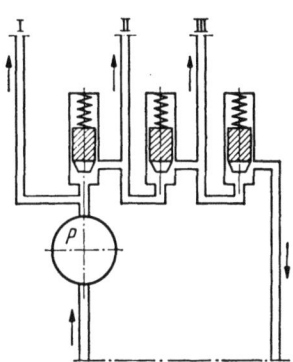

Abb. 41. Schematische Anordnung von Vorspannventilen.

den Leitungen I, II, III verschieden hoch sein sollen. Bei gleichem Arbeitsdruck im Kreislauf genügt ein Manometer unmittelbar hinter der Pumpe in Leitung I zur Beobachtung der Drücke im ganzen System. Die einzelnen Vorspannventile werden bei Strömung des Drucköles so nacheinander eingestellt, daß der Druck am Manometer in Leitung I jeweils gerade über den eingestellten Wert zu steigen beginnt.

Bei stark unterschiedlichen Drücken, beispielsweise erstes Ventil geringer Druck, folgendes Ventil hoher Druck, muß besonders umsichtig vorgegangen werden. Die nachfolgende Druckerhöhung verlangt unbedingt einen Hubanschlag des ersten Ventiles, weil sonst die Feder überlastet wird und das Ventil eine unzulässige Lage einnehmen kann. Nach Einstellung des ersten Ventils ist daher sofort die Verschlußkappe mit dem Anschlagstift aufzuschrauben. Wenn Unklarheit über die Druckhöhe besteht, muß man die Wirkung der Druckveränderung genau beobachten, endgültige Drücke festlegen und aufschreiben. Keinesfalls Ventile wahllos verstellen! Zweckmäßig wird vor jedem Eingriff die Stellung der Federeinstellschraube mit Tiefmaß gemessen (vgl. Abb. 42).

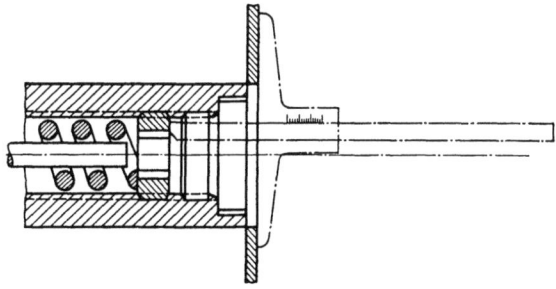

Abb. 42. Messen der Einstellung eines Druckventiles mit Tiefenmaß.

7. Behandlung und Prüfung der Drosseleinrichtungen.

Trotz der in Abschnitt 2.1, S. 16, beschriebenen ungünstigen Arbeitsweise der Vorschubsysteme mit Drosselregulierung sind diese Systeme in der Praxis sehr häufig anzutreffen. Darum sollen die grundsätzlichen Bauarten von Drosseleinrichtungen hier kurz erläutert werden.

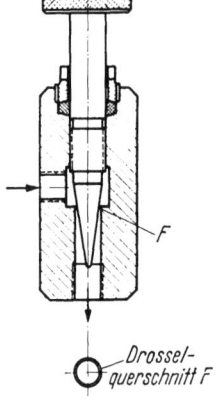

Abb. 43. Drosselventil mit verstellbarer Kegelspindel.

Die einfachste Ausführung ist die Drosselschraube mit Spitze nach Abb. 43. Der Drosselquerschnitt F ist hier ringförmig. Diese Querschnittform hat den Nachteil, daß der Drosselquerschnitt schon bei kleinen Verstellwegen sich rasch ändert. Man erhält immer einen engen Spalt wegen des großen Umfanges des Spaltes. Damit ist aber die Gefahr des Zusetzens der kleinen Spaltöffnungen durch Verunreinigung vergrößert. Um diesen Nachteil zu verringern, sollte die Spitze nicht stumpf ausgebildet sein, sondern in einer langen schlanken Form auslaufen. Diese Nadelform verengt den Querschnitt der Bohrung auf eine längere Strecke und verstärkt so die Drosselwirkung. Die Weite des Spaltes kann daher bei gleicher Durchflußmenge größer sein und somit wird die Gefahr einer Verschmutzung vermindert.

Die Drosselschraube hat den weiteren Nachteil, daß der hydraulische Druck axial auf die Verstellschraube wirkt, so daß bei größeren Drosseln die Verstellkräfte ganz beträchtlich werden können.

Eine Drosseleinrichtung, ebenfalls mit axialer Verstellung, aber ausgeglichenem Druck, zeigt die Abb. 44.

Die Drosselung wird hier durch eine oder mehrere Axialkerben F vorgenommen. Die Drosselkerbe hat Dreieckform, die sich in Achsenrichtung stetig verkleinert. Mit dieser Drosselform F ist die Gefahr des Verstopfens wesentlich geringer, weil der Drosselquerschnitt nur auf 1 oder 2 Stellen zusammengefaßt ist und somit keinen so engen Drosselspalt ergibt. Außerdem besitzt diese Drosselform eine feinfühligere Verstellbarkeit. Nicht ganz einfach ist aber an dieser Ausführung die Anbringung

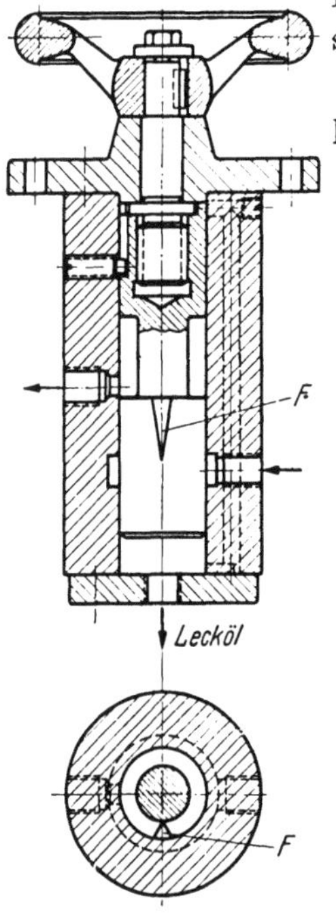

Abb. 44. Drosselventil mit axialer Einstellung und Druckentlastung.

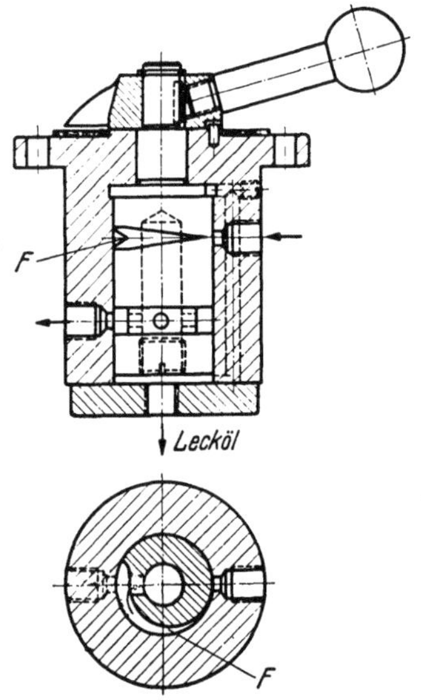

Abb. 45. Verstelldrossel mit Umfangskerbe zum Einstellen des Querschnitts.

einer Anzeigevorrichtung. Dieser Nachteil ist bei Drosseleinrichtungen mit Umfangskerbe Abb. 45 beseitigt.

Der Drosselquerschnitt F hat ebenfalls Dreieckform, besitzt somit auch den Vorteil geringerer Verschmutzungsgefahr. Zu diesem Vorteil kommt aber noch hinzu, daß die Umfangskerbe über einen großen Stellbereich geführt werden kann. Eine Einstellskala ist hier leicht möglich und bedeutet eine große Erleichterung für die Praxis. Man kann die Skala allerdings nicht nach absoluten Werten (mm/min) eichen, weil ja bei den Drosselsystemen der Durchfluß von der Temperatur und dem Arbeitswiderstand abhängig ist. Es ist aber möglich, für die einzelnen Arbeiten die günstigste Stellung des Stellzeigers zu merken, gegebenenfalls eine Anfangsstellung bei Beginn der Arbeit und eine Normalstellung bei Betriebstemperatur. Die Einstellskalen sind daher in der Regel nur mit numerierten Strichen 1, 2, 3, usw. versehen. Die Verstellkraft ist bei dieser Umfangsdrossel verhältnismäßig gering. Der Drosselschieber wird durch den hydraulischen Druck mit dem Querschnitt der Kerbe einseitig gegen die Gehäusebohrung gepreßt. Diese Anpressung ist aber durch den kleinen Querschnitt der Kerbe nicht groß und begünstigt durch ihre Bremskraft die Feststellung der Drossel während des Betriebes.

7.1 Maßnahmen zur Verbesserung der Arbeitsweise einer Drosselregelung.

a) Durchflußrichtung durch die Drossel vom engen Querschnitt nach dem weiter werdenden Querschnitt, damit sich die Drossel selbst reinigt.
b) Öle mit flacher Viskositätslinie verwenden.
c) Feinfilter in die Zuleitung einbauen.
d) Druckgefälle innerhalb der Drossel mittels Ausgleichventil möglichst gleich halten.
e) Temperatur des Hydrauliköls durch Kühl- bzw. Heizeinrichtungen gleichhalten.

8. Behandlung und Prüfung der Steuerschieber.

An die zahlreichen Ausführungen von Steuerschiebern werden fast immer die gleichen Anforderungen gestellt, nämlich eine gute Abdichtung zwischen den einzelnen Steuerstufen, eine zwangsfreie Bewegung in die verschiedenen Schaltstellungen sowie ein geringer Druckverlust für die durchströmende Ölmenge.

Geringer *Druckverlust* ergibt sich bei hinreichend großer Bemessung der Steuerquerschnitte und zweckmäßiger Formgebung an den Übergangsstellen, da hierdurch Strahleinschnürungen und Wirbel vermieden werden.

Für die *Abdichtung* ohne nennenswerte Schlupfverluste ist neben einer genügenden Überdeckung ein enges Laufspiel zwischen Büchse und Schieber erforderlich. Die *Beweglichkeit* des Schiebers kann bei dem kleinen Spiel leicht durch Anfressungen, Verunreinigungen oder Verharzungen erschwert werden. Bei der Behandlung solcher Störungen ist sorgfältig vorzugehen, sollen Riefen und Freßstellen vermieden werden. Zunächst ist der Schieber auf dem kürzesten Wege auszubauen. Treten hierbei keine nennenswerten Beschädigungen auf, ist eine weitere Verwendung nach Beseitigung der Druckstellen ohne Bedenken möglich. Sehr oft läßt sich der Schieber mit reinem Öl unter ständigem Drehen und Hin- und Herbewegen wieder gangbar machen. Keinesfalls darf man den Schieber mit Läppaste (Schleifmasse) in der Schieberbohrung einläppen, da hierbei die genaue zylindrische Form von Schieber und Büchse beeinträchtigt wird. Beide Teile sind unbedingt *getrennt* zu behandeln. Die Bohrung der Schieberbüchse wird mit einem dehnbaren Läppdorn, Abb. 38, der Schieber mit einer nachstellbaren Läppbüchse, Abb. 39 unter Dreh- und Längsbewegung und reichlich Öl über die ganze Länge gleichmäßig nachgeläppt, bis das richtige Laufspiel, d. h. eine zwangsfreie, saugende Bewegung erreicht ist. Entstehen beim Ausbau stärkere Riefen und Anfressungen, so empfiehlt sich der Einbau von Ersatzteilen. Zweckmäßig wird die ganze Einheit zur Überholung an das Herstellerwerk eingesandt. Hier stehen neben den entsprechenden Fachkräften auch Hon- und Läppmaschinen zur Verfügung.

9. Behandlung und Prüfung der Zylinder.

Hydraulische Zylinder mit einseitiger oder durchgehender Kolbenstange sind einfache und betriebssichere Elemente für die Erzeugung beliebiger Kräfte und Bewegungen. Betriebliche Schwierigkeiten bereitet oft die Kolbenstangenabdichtung. Diese irrtümlich als Stopfbüchse bezeichnete Stelle wird fast durchweg mit einem Lippenring (Nutringmanschette) abgedichtet. Im Laufe der Betriebszeit können sich die Lippen abnützen, insbesondere bei riefiger Oberfläche der Kolbenstange, ungeeignetem und verunreinigtem Drucköl oder ungenauer Führung in der Grundbüchse. Beim Einbau eines neuen Dichtungsringes ist jede Beschädigung der Lippen zu vermeiden, gegebenenfalls muß man eine Montagehülse verwenden, vorab die Oberflächengüte der Kolbenstange überprüfen, Riefen und Freßstellen durch Nachschleifen beseitigen. Die hohe Anpreßkraft der Dichtungslippen unter dem Arbeitsdruck verlangt eine entsprechende Bunaqualität. Die gegenwärtigen Bunaringe sind im allgemeinen öl- und quellfest, starke Reibungsverluste durch Aufquellen treten heute kaum noch auf. Trotzdem ist bei verminderter Krafterzeugung auch diese Möglichkeit zu überprüfen. Ähnlich liegen die Verhältnisse bei der Kolbenabdichtung. Das Aufbringen der Kolbenringe in die Rillen ist einfach, dagegen fehlt oft eine genügende Anschrägung der Zylinderbohrung für das Einführen des Kolbens. Die überlappten Kolbenringe (Ringe mit schräger Trennstelle halten bei den kleinen Bewegungen nicht dicht) werden mit Hilfe einer Hülse oder Bandes zusammengedrückt und der Kolben durch leichtes Schlagen eingebaut. Nach jeder Montagearbeit am Zylinder ist eine Entlüftung des Ölkreislaufes unbedingt erforderlich (vgl. Abschn. 3.4, S. 16). In Zylindern mit großem Arbeitshub und großem Ölvolumen wird das Öl bei großen Drücken wie ein elastischer Körper zusammengedrückt, was sich recht nachteilig auswirken kann. Eine ruckweise Bewegung, ein verzögertes Umsteuern (bei Druckumsteuerung) oder ein Ausweichen unter den Kolbenkräften in der Haltestellung sind physikalisch bedingt (vgl. Abschn. 3.3, S. 15). Aufschluß bei allen Anständen gibt stets die Rechnung, sei es die Kraft aus Kolbenfläche und Druck, die Geschwindigkeit aus Kolbenfläche und Förderleistung oder die Zusammendrückbarkeit nach Abschn. 3.3.

10. Allgemeine Hinweise und Behandlung von Störungen.

10.1 Störungsbefund. Bei allen Störungen an hydraulischen Maschinen ist zunächst eindeutig festzustellen, wie sie sich bemerkbar machen. Schon die Tatsache einer allmählichen Verschlechterung des Betriebszustandes läßt Rückschlüsse auf die Ursache, beispielsweise Verschleiß oder Verschmutzung, zu. Man muß sich vergewissern, ob sich der äußere Zustand der Maschine gegenüber dem anfänglichen verändert hat. Hierzu gehören erhöhte Leck- und Schlupfverluste an Pumpen, Schiebern, Ventilen, Leitungen; Veränderungen an den Drücken für Vorschub, Spannung; Abfall der eingestellten Geschwindigkeit bei Belastung; verzögerte oder vorzeitige Umsteuerung usw. Wenn die Störstelle gefunden ist, läßt sich der Fehler in der Regel rasch beseitigen. Ist die Ursache auch nach eingehendem Studium der Betriebsanleitung und des Hydraulikplanes nicht feststellbar, so wird zweckmäßig die Lieferfirma benachrichtigt. Eine genaue Schilderung des Störungsbefundes ist notwendig, um fernmündlich oder schriftlich richtige Angaben für die Behebung der Störung machen zu können. Selbst bei der erforderlichen Entsendung eines Fachmannes sind diese Angaben wertvoll, insbesondere für die Unterrichtung und die Bereitstellung entsprechender Ersatzteile. Es ist wenig sinnvoll, ohne ein genaues Bild der Situation wahllos an den Ventilen Drücke zu verändern oder die gesamte Hydraulik auszubauen und auseinanderzunehmen.

10.2 Abgrenzung der Störungsquellen. In schwierig gelagerten Fällen muß besonders planmäßig vorgegangen und die Störstelle abgegrenzt werden. Vermutet man mehrere Ursachen, so ist eine getrennte Nachprüfung durchzuführen, um die Fehler klar erkennen zu können. Vor Beginn jeder Untersuchung sind Kontrollmanometer in den verschiedenen Stellen des Kreislaufes anzuschließen.

Stehen nicht genügend Druckmesser zu Verfügung, so ist eine genaue Festlegung der Federspannung jedes Ventils notwendig, um den ursprünglichen Zustand jederzeit wieder herstellen zu können. Nach Abb. 42 wird mit Tiefmaß die Lage der Einstellschraube für die Federspannung gemessen, aufgeschrieben und erst dann das Ventil selbst ausgebaut.

10.3 Beispiel aus der Praxis über die Behandlung einer Störung.
Maschine: Hydraulischer Sägeautomat.
Reihenfolge der Bewegungen: a) Zange zu,
                                 b) Nachschub vor,
                                 c) Spannen,
                                 d) Vorschub,
                                 e) Rücklauf,
                                 f) Lösen.
Beobachtete Störung im selbsttätigen Kreislauf: Die Vorschubeinrückung erfolgt nicht! Der vereinigte Längs- und Drehschieber wird nicht mehr aus der Stellung „Rücklauf" in die Stellung „Vorschub" geschaltet. Von Hand gesteuert lassen sich aber alle Bewegungen richtig durchführen.
Folgerung: Die Störung kann nicht im eigentlichen Ölkreislauf liegen, sondern nur im Steuerkreislauf.

10.31 Aufsuchen der Störungsstelle im Hydraulikplan (Abb. 46). Die Bewegung des Hauptschiebers *HSch* in die Stellung „Vorschub" erfolgt durch das Schaltöl der Leitung *21*.

Verfolgt man die Leitung 21 rückwärts, so kommt man zum Nachschubschieber NSch. In Stellung „Automatik ein" hat die Leitung 21 Verbindung mit Leitung 20. Die Leitung 20 führt zum Hilfsschieber HiSch und hat, wie gezeichnet, Abfluß. In der Schaltstellung „Vorschub ein" steht der Nachschubschlitten vorne, so daß von Leitung 13 Druck auf die Rückseite vom Hilfsschieber HiSch kommt. Der Hilfsschieber sollte durchgedrückt sein, damit die Leitung 20 Verbindung mit Leitung 19 hat, welche zum Vorspannventil VV_3 geht.

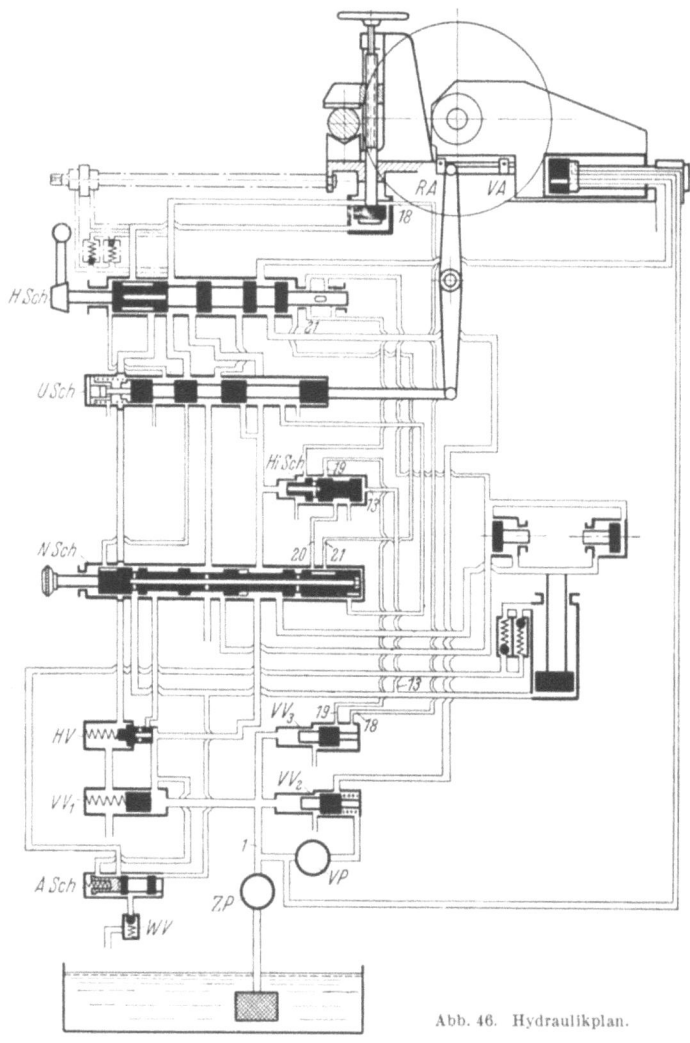

Abb. 46. Hydraulikplan.

Die Leitung 19 hat Zuführung über das geöffnete Ventil VV_3 über die Abzweigleitung 18 vom Spannzylinder.

Wenn die Schaltschieber vom Vorspannventil VV_3 bzw. Hilfsschieber HiSch festsitzen, kann das Einschaltöl für die Vorschubstellung nicht mehr fließen.

10.32 Aufsuchen der Störungsstelle in der Schnitt-Zeichnung Abb. 47. Das Vorspannventil VV_3 befindet sich hinter dem Abflußschieber ASch und ist von innen zugänglich nach Abnahme der Verschlußschraube. Da es sich um ein abgesetztes Ventil mit zwei verschiedenen Durchmessern handelt, ist der Ausbau nach vorne nicht möglich, wohl aber läßt sich nach Entfernung des Abflußschiebers die Beweglichkeit des Vorspannventils VV_3 nachprüfen, bzw. kann man mit einer Ventilstange den Ausbau des Ventiles von dieser Seite aus unterstützen.

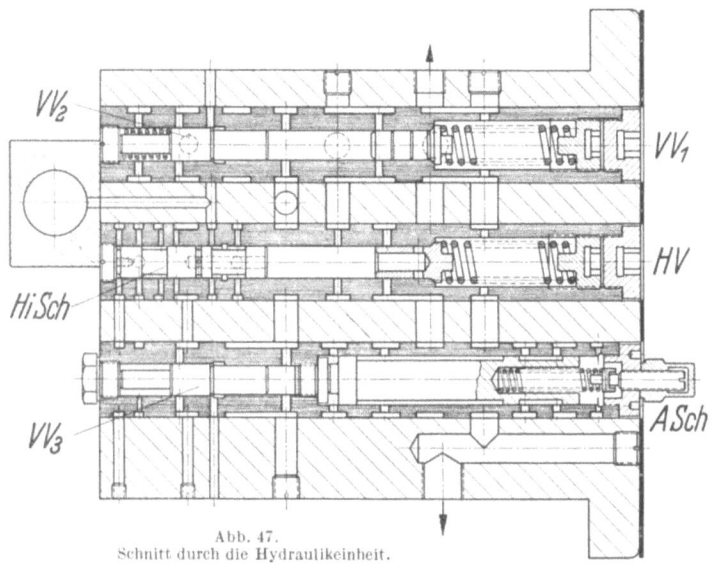

Abb. 47.
Schnitt durch die Hydraulikeinheit.

Der Hilfsschieber $HiSch$ ist hinter dem Spann- und Schaltdruckventil HV zugänglich und kann in derselben Weise kontrolliert werden.

10.33 **Aufsuchen der Störungsstelle in der hydr. Einheit** Abb. 48. Auf dem Schild der Einheit sind die beiden Ventile VV_3 u. $HiSch$ nicht bezeichnet.

Die Lage der Ventilkolben muß aus der Betriebsanleitung entnommen werden.

Tatsächlich konnte eine Hemmung des Ventils VV_3 festgestellt werden.

Ausbau des Ventilkolbens, unterstützt durch leichte Schläge auf die Abzugstange.

Nachläppen der Druckstellen mit Läppfeile oder in einer Läppbüchse.

Mit Läppdorn und wenig Läpppaste die Ventilbohrung ausgleichen.

Als letztes: Einführen des Ventilkolbens in die Ventilbüchse und schraubenförmige Hin- und Herbewegung des Kolbens mit reichlich Öl.

Abb. 48. Ansicht der Hydraulikeinheit.

Sorgfältiges Reinigen und Einbau aller Teile mit Öl.

10.4 Auswechseln hydraulischer Elemente mit zylindrischer Bauform. Hydraulische Pumpen und Motoren, Schieber- und Ventilkörper besitzen heute vielfach eine zylindrische Einbauform. Die Passung in den gehonten Bohrungen des Aggregatkörpers ist aus Gründen einer guten Abdichtung sehr eng gehalten. Der Aus- und Einbau muß sorgfältig durchgeführt werden, um Beschädigungen und Brüche zu vermeiden. Vor dem Ausbau eines Teiles wird die Lage in der Einheit durch Ankörnung oder Einschlagen von Zahlen gekennzeichnet. Hierauf wird mit Hilfe einer Abziehvorrichtung (Abb. 49) der Ausbau vorgenommen. Die Abziehbewegung kann nach längerer Betriebszeit durch Verharzung und Verklebungen erschwert sein. Leichte Hammerschläge auf die Rückseite unter Zwischenlage eines Hartholzes unterstützen den Ausbau in solchen Fällen. Es darf nie auf die Antriebswelle geschlagen werden.

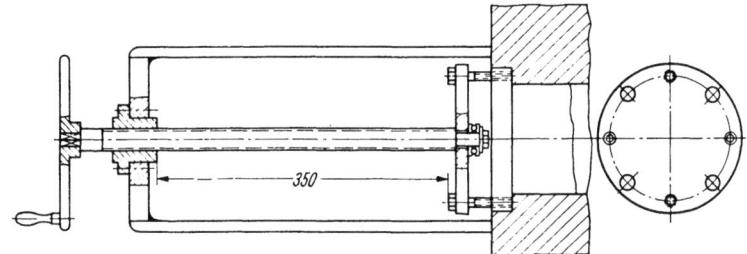

Abb. 49. Abziehvorrichtung für zylindrische Pumpen und Motoren.

Beim Einbau ist zunächst auf die richtige Lage der Drucköbohrungen zu achten. Zur Sicherung gegen Verdrehung, bzw. zur Berichtigung der Lage während des Einbaues benützt man eine entsprechend lange Führungsstange, die seitlich an Stiften in zwei Befestigungslöchern angesetzt wird. Gleichzeitig wird der einzubauende Körper mit zentrischen Schlägen eines kräftigen Hammers über ein Vorsatzholz eingetrieben. Gegen das Ende des Einbauweges ist meistens Vorsicht geboten, wegen der Stellung der Kupplungsklauen oder Paßfeder für die Mitnahme der Antriebswelle. In ähnlicher Weise wird auch das Auswechseln von Schieber- und Ventilbüchsen durchgeführt. Eine zentrale Abziehschraube über entsprechende Scheiben und Abstandstücke angesetzt, erleichtert den Ausbau erheblich. Zu beachten ist dabei, daß derartige Büchsen in der Regel durch Gewindestifte gegen Verdrehung und Verschiebung gehalten sind. Alle diese Arbeiten sind möglichst nicht im warmen Betriebszustand auszuführen, da die Wärmedehnung der Einbauteile einen engeren Passungssitz hervorruft.

11. und 12. Behandlung öfter vorkommender Störungen.

Art	Vermutliche Ursache	Maßnahmen zur Beseitigung
11.1 Ruckweise Bewegungen	Luft im Kreislauf (siehe Abschnitt 3.4)	Reinigung des Saugfilters, Ölfüllung ergänzen, Entlüftungsschraube öffnen, Abb. 13 Mehrmaliger Gesamthub im Eilgang Ansaugleitung auf Dichtheit prüfen

Behandlung öfter vorkommender Störungen.

Art	Vermutliche Ursache	Maßnahmen zur Beseitigung
	Erhöhte Schlittenreibung	Führungen gründlich durchschmieren, Führungsleisten nachstellen, Gegenhaltedruck erhöhen
11.2 Vorschubbewegung setzt nicht ein	Pumpe läuft nicht	Antrieb überprüfen Kupplung erneuern
	Ölfüllung unzureichend	Nachfüllung bis Standmarke
	Druckleitung beschädigt	Leitungen überprüfen
	Kolben undicht	Manschetten erneuern
	Kolbenbefestigung gelöst	Mutter sichern
	Pumpensteuerung verstellt, verklemmt oder verharzt	Regelkopf überprüfen, Regelkolben gangbar machen, nachläppen
	Feder im Höchstdruckventil gebrochen	Feder ersetzen
	Differenzdruckventil (Zweidruckventil) sitzt fest	Ventilkolben ausbauen, Druckstellen beseitigen, nachläppen
	Druckunterschied in Differenzdruckventil zu niedrig eingestellt	Freiflugkolben der hydromat. Pumpe müssen hörbar arbeiten
	Vordruck im Saugraum zu niedrig bei nicht selbst ansaugenden Pumpen	Pumpenkolben müssen beim Ansaughub an der Schrägscheibe anliegen
	Vordruckventil sitzt fest	Ventilkolben nachläppen, Druck auf richtige Höhe einstellen
11.3 Vorschubgeschwindigkeit stimmt nicht mit geeichter Skala überein	Zeiger verstellt	Einstellung kontrollieren
	Verstellpumpe (Regelpumpe) ausgelaufen	Pumpe überprüfen, Ersatzpumpe einbauen
	Leckverluste im Kreislauf	Undichtheiten beseitigen
	Verstelleinrichtung sitzt fest	Verstellkolben gangbar machen, Federspannung nachprüfen
	Hubbegrenzung verändert	Korrekturschraube in Nullage anstellen, Abb. 33
	Arbeitswiderstand zu groß	Höchstdruckventil u. U. höher einstellen
	Hydrauliköl zu dünnflüssig	Öl mit höherer Viskosität verwenden, insbesondere bei hohen Temperaturen (Sommer)
11.4 Eilgang schaltet nicht um auf Vorschub	Eilgang-Nocken verstellt	In richtige Lage bringen
	Eilgangschieber sitzt fest	Schieber nachläppen. Betätigungsglied überprüfen
	Verstellkolben in der Pumpe klemmt	Kolben ausbauen und Druckstellen beseitigen
	Eilgangsverstellkolben an Pumpe schaltet nicht (Abb. 32)	Spannung an Magnetspule nachmessen, Verstellkolben gangbar machen

4*

Art	Vermutliche Ursache	Maßnahmen zur Beseitigung
11.5 Druckumsteuerung verzögert oder unwirksam	Luft im Kreislauf Leckverluste Regelpumpe ausgelaufen Umsteuerventil sitzt fest Feder im Umsteuerventil gebrochen	Entlüften (Abb. 13) Abdichtungen erneuern Pumpe erneuern (Abb. 49) Ventil nachläppen Feder erneuern und Umsteuerdruck einstellen
Druckumsteuerung frühzeitig vor Hubende	mechanische Hemmung, erhöhte Reibung Werkzeuge stark abgestumpft Umsteuerdruck zu niedrig eingestellt	Schlittenführungen reinigen und gut abschmieren Kontrolle des Vorschubdruckes Abschnitt 6.3 Federspannung nachstellen
11.6 Selbsttätige Steuerfolge stimmt nicht, Automatik gestört	Nocken verstellt Nocken zu niedrig Schaltschieber noch auf Handschaltung Betätigungsglied gibt keinen Impuls	Nockenstellung überprüfen Nocken auswechseln (aufschweißen) Schieber in Automatikstellung drehen Bewegung von Hand ausführen, wenn direkte Steuerung in Ordnung, Fehler in der indirekten Steuerung beheben
11.7 Hydrauliköl mit Luft durchsetzt, starke Schaumbildung, gelbliche trübe Farbe	Ölfüllung zu gering Verstopftes Ansaugfilter (Abschnitt 3.7) Abflußrohre nicht unter Ölspiegel Undichtheiten an der Saugleitung Pumpe ausgelaufen, oder Sitz der Pumpe in der Bohrung zu weit	Nachfüllen bis Standmarke Kratzer betätigen bzw. Ölsieb ausbauen und reinigen Rohre verlängern, besondere Rückschlagventile einbauen Ansaugleitung sorgfältig abdichten Pumpe erneuern, Einbaumasse kontrollieren
11.8 Pumpengeräusche hoher Geräuschton	gedrosselte Ansaugung	Saugfilter reinigen. Querschnitt der Saugleitung zu klein
stark klopfendes Geräusch	Vordruck im Saugraum zu niedrig Steuerpumpe ausgelaufen Schlechte Ausrichtung des Pumpen-Antriebes	Druck erhöhen Ersatzpumpe einbauen Abb. 49 Neue Ausrichtung notwendig
11.9 Pumpe läuft nicht oder schwer an	Pumpenräder oder Pumpenkolben angefressen Laufspiel der Kolbentrommel verengt Antriebsmotor zu schwach Spannung zu niedrig	Pumpe ausbauen und instandsetzen, Ersatzpumpe einbauen mehrfach kurzzeitig einschalten, Drucköl auf Viskosität überprüfen, dünneres Öl verwenden Laufspiel nachläppen Antriebsleistung nachmessen

Art	Vermutliche Ursache	Maßnahmen zur Beseitigung
12.0 Ventilschwingungen	Eigenfrequenz des Ölkreislaufes liegt in oder in der Nähe der Ventilfrequenz bzw. in einer mehrfachen davon	Schwingung dämpfen. Einbau stärkerer Feder, Ventilhub kürzen Schwingende Rohrleitungen befestigen
	Ventilführung ausgeschlagen	Ersatzventil einbauen, u. U. Ventilbüchse erneuern
12.1 Manometer zeigt nicht richtig an	Zuleitung verstopft	ausblasen
	Drosselschraube im Manometer zu dicht Abschn. 6.3	Schraube herausdrehen und neu einstellen
	Manometer beschädigt	erneuern, gegebenenfalls Ersatzmanometer mit höherem Bereich verwenden
12.2 Magnetschieber schaltet nicht	Schlechter Stromübergang	Stecker u. Lötstellen überprüfen
	Unterspannung an Magnetspule	Spannung direkt an Magnetspule messen. Normalspannung (meist 24 Volt) darf höchstens 10% unterschritten werden. Möglichst geringe Überspannung anstreben.

Schrifttum.

Als Quellen und zum tieferen Eindringen in die angesprochenen Probleme seien folgende Schriften genannt:

[1] PREGER: Flüssigkeitsgetriebe an Werkzeugmaschinen. Berlin: 1932.
[2] SCHLESINGER, G.: Die Werkzeugmaschinen. Berlin: Springer 1936.
[3] DÜRR, A., u. O. WACHTER: Hydraulische Antriebe u. Druckmittelsteuerungen an Werkzeugmaschinen. München: Hanser.
[4] KRUG, HANS: Das Flüssigkeitsgetriebe bei spanenden Werkzeugmaschinen. Berlin/Göttingen/Heidelberg: Springer 1950.
[5] HIMMLER, C. R.: La Commande Hydraulique. Paris: Dunod 1950.
[6] POMPER, V.: Cies hydrauliques de machines outils. Paris: 1951.
[7] SCHMID, WOLFGANG: Automatologie. München: Hanser 1952.
[8] BERG, G. F.: Das Öl im hydraulischen Antrieb. Die Technik, Bd. 4, Heft 11, Nov. 1949, S. 499 u. Heft 12, S. 545.
[9] KREKELER, K., u. P. BEUERLEIN: Öl im Betrieb. Werkstattbücher, Heft 48. Berlin/Göttingen/Heidelberg: Springer 1953.
[10] BEUERLEIN, P.: Schmierstoffe, Sonderdruck aus dem Betriebstechnischen Taschenbuch, München: Hanser.
[11] BEUERLEIN, P.: Schmierstoffe und Schmiertechnik. Sonderdruck aus Uhlands Ingenieur-Kalender, 71. Jgg., Stuttgart: Alfred Kröner.
[12] FRITSCHE, ANDREAS F.: Die Gestaltung und Berechnung von Ölkühlern. Zürich: Dissertationsdruckerei Leemann AG., 1953.
[13] IRTENKAUF: Der mechanische, elektrische und hydraulische Antrieb von Werkzeugmaschinen. Werkstattstechn. u. Masch. Bau 1951, Heft 4, S. 106.

[14] Dürr, A.: Hydr. Vorschubantriebe und Druckmittelsteuerungen für Werkzeugmaschinen. Werkstattstechnik und Werksleiter 1941, Heft 5, Seite 55—101; 1942, Heft 17/18, Seite 383—391. Berlin: Springer.
[15] Dürr, A.: Die hydr. Steuerung von Werkzeugmaschinen. Werkstatt und Betrieb 1950, Heft 4. München: Hanser.
[16] Elektro-hydraulische Steuerungen. Sonderdruck 6, Aachener Werkzeugmaschinenkolloquium 1953. Essen: Girardet.
[17] Opitz u. Waninger: Möglichkeiten und Grenzen hydraulischer Steuerungen im Werkzeugmaschinenbau. Industrie-Anzeiger 1953, Heft 8. Essen: Girardet.
[18] Krug, Hans: Flüssigkeitswechselgetriebe an Werkzeugmaschinen. VDI Zeitschrift 1942, Bd. 86, Nr. 49/50.
[19] Hydraulische Baueinheiten für Werkzeugmaschinen. Werkstattstechnik und Werkleiter 1937, Heft 2 und Heft 4.
[20] Simonis, F. W.: Stufenlos verstellbare Getriebe. Werkstattbücher, Heft 96. Berlin/Göttingen/Heidelberg: Springer 1949.
[21] Rögnitz, H.: Hydraulische und mechanische Triebe für Geradwege an Werkzeugmaschinen. Werkstattbücher, Heft 101. Berlin/Göttingen/Heidelberg: Springer 1951.
[22] Lindner, H.: Hydraulische Preßanlagen für die Kunstharzverarbeitung. Werkstattbücher, Heft 82. Berlin/Göttingen/Heidelberg: Springer 1951.
[23] Schwenke, K.: Steuerungen hydraulischer Schnellpressen durch umlaufende regelbare Drucköl-Kolbenpumpen. VDI-Zeitschrift, Bd. 87 (1943), Nr. 25/26.
[24] Bretschneider: Hydrostatisches Getriebe im Werkzeugmaschinenbau. Das Industrieblatt 12 (1953, S. 419—423 und Industrie-Rundschau 1953, Heft 7.
[25] Kugel: Das stufenlos regelbare Böhringer-Sturm-Ölgetriebe. ZWF 53. Jahrgang (1953), Heft 8. Oswald Forst, Flüssigkeitsgetriebe. ZWF 53. Jahrgang (1953), Heft 8.
[26] Krug: Die Schraubenpumpe bei hydr. Werkzeugmaschinen. Industrieblatt 1952, Heft 8, S. 252.
[27] Scheid: Druckmittelgesteuerte Lamellenkupplungen. Industriebl. 12 (1953), S. 437—440.
[28] Bachmann: Prüfeinrichtungen für Manometer. Feinwerktechnik Bd. 57 (1953), Nr. 10, S. 306—308.
[29] Schmid, W., u. F. Olk: Fühlergesteuerte Maschinen. Essen: Girardet 1939.
Dürr, A.: Werkzeugmaschinen mit Drucköl-Kopiervorschubantrieb und Fühlersteuerungen. VDI-Zeitschrift Bd. 89 (1945), Nr. 5/6.
[30] Dahm, B., u. O. Grebe: Eine neue elektrohydraulische Kopiereinrichtung für Werkzeugmaschinen. Elektrotechnische Zeitschrift, Ausgabe A, Heft 18, 73. Jahrgang (1952).
[31] Bauer, E.: Fühlersteuerung. VDF-Nachrichten 1951, Heft 2.
[32] Smith, A. C.: Selection of oils for industrial hydraulic systems. (Sonderdruck der Shell Petroleum Co. Ltd. aus: Scientific Lubrication, July 1951).
[33] Heinrich, E., u. R. Stückle: Wärmeübergang von Öl an Wasser. Forschungsarbeit a. d. Geb. d. Ingenieurwesens, H. 271. Berlin: VDI-Verlag 1925.
[34] Stau, C. H.: Nachformeinrichtungen für Drehbänke (Kopierdrehen). Werkstattbücher, Heft 113. Berlin/Göttingen/Heidelberg: Springer 1954.
[35] Heyde: Pneumatischer Druckflüssigkeitserzeuger. Vorträge u. Diskussionen 7. Aachener Werkzeugmaschinen-Kolloquium 1954. Essen: Girardet.
[36] Dürr, A.: Weiterentwicklung der Elektro-Hydraulik u. der Schwachstrom-Steuerungen. Vorträge u. Diskussionen 7. Aachener Werkzeugmaschinen-Colloquium 1954. Essen: Girardet.

If you have any concerns about our products,
you can contact us on
ProductSafety@springernature.com

In case Publisher is established outside the EU,
the EU authorized representative is:
**Springer Nature Customer Service Center GmbH
Europaplatz 3, 69115 Heidelberg, Germany**

Printed by Libri Plureos GmbH
in Hamburg, Germany